書き込み式
はじめての構造力学

工学博士　笠井　哲郎
Ph. D.
工学博士　島﨑　洋治　【共著】
Ph. D.　　中村　俊一
博士(工学)　三神　　厚

コロナ社

執筆分担

笠井 哲郎	2章（2.3.2項〔2〕以外）
島﨑 洋治	2.3.2項〔2〕, 5, 6, 10, 11章, 付表1
中村 俊一	4, 9, 12章
三神　厚	1, 3, 7, 8章, 付表2

まえがき

　大学の土木工学科で必要な力学をはじめて学ぶ1年生がつまずかないよう，前著『土木基礎力学』では，高校の学習から大学の学習への自然な橋渡しを意識した。つまり，高校の数学や物理学（力学）の復習を多く取り込み，できるだけわかりやすく解説する入門書を目指した。

　本格的な専門課程が始まる大学2年次以降になると，内容も徐々に高度になってくるため，それまでの「教えてもらう姿勢」から，「自ら学ぶ，より積極的な姿勢」が必要になってくる。このような学生の前向きな姿勢を引き出すため，構造力学を学ぶ本書では「書き込み式」，「穴埋め式」を採用することにした。各項目では，解説や例題を理解した上で，その確認の意味で「穴埋め例題」に書き込むことで自ら本を完成させる形となっている。すべての書き込み欄の解答はWeb上に用意したが†，是非自分自身で求めた正解を書き込み，自分だけのオリジナルな「はじめての構造力学」を完成させてほしい。

　高校数学や物理学（力学）の復習的な内容は前著と同様に取り込み，高校の教科書を振り返らずとも，なるべく本書1冊で完結できるよう心がけた。また，学生が消化不良を起こさないよう，項目を網羅的に取り込むことはせず，できるだけ授業で扱う基本項目に絞り，それらを重点的に詳しく説明することにした。

　構造力学は暗記によっては学ぶことができない科目である。構造力学の考え方を理解した上で，一つひとつの問題を紙と鉛筆を使って解くように心がけてほしい。その際，走り書き程度の計算で答えのみを求めることに専念するのではなく，解答の手順を明示することを習慣づけてほしい。なお，章末問題には，公務員試験などを意識したやや難易度の高い問題も収録した。こちらの解答は，略解を巻末に掲載した上で，詳解は書き込み欄の解答と同様に，コロナ社のWebページ上で提供している†。

　最後になりましたが，コロナ社の皆様には，本書の企画から出版に至るまで1年余りの間，著者4名の都合に配慮し，我慢強く見守っていただきましたことに加え，本書をより良くするための多くのご助言を頂いたことに感謝致します。

2019年4月

著者一同

---

† コロナ社のWebページ（http://www.coronasha.co.jp/）から本書の書名で検索。本書の書籍詳細ページの「▶関連資料」をクリックして下さい。

目 次

1. 力のつり合い

1.1 力 と は ·· 1
    1.1.1 力 と は *1*
    1.1.2 力 の 種 類 *1*
    1.1.3 力 の 表 現 法 *2*
    1.1.4 力 の 単 位 *2*
    1.1.5 力の作用線の法則 *2*

1.2 力の合成と分解 ·· 3
    1.2.1 力 の 合 成 *3*
    1.2.2 力 の 分 解 *5*

1.3 モ ー メ ン ト ·· 6
    1.3.1 モーメントの概念 *6*
    1.3.2 モーメントの図示法 *6*

1.4 力のつり合い ·· 7
    1.4.1 2力のつり合い *7*
    1.4.2 3力のつり合い *7*
    1.4.3 力 の 三 角 形 *7*
    1.4.4 1点で交わる力のつり合い（多数の力がある場合） *8*
    1.4.5 1点で交わらない力のつり合い *8*

1.5 剛体のつり合い ·· 9
    1.5.1 剛 体 と 質 点 *9*
    1.5.2 力のモーメント *10*
    1.5.3 モーメントのつり合い *10*
    1.5.4 偶 力 *11*
    1.5.5 剛体のつり合い *11*

1.6 荷重のモデル化 ·· 12
章 末 問 題 ·· 14

2. 構造材料の性質と強さ

- 2.1 応力とひずみ ……………………………………………………………… 15
  - 2.1.1 応　　　力　15
  - 2.1.2 ひ　ず　み　18
  - 2.1.3 応力とひずみの関係　20
- 2.2 各種部材に生じる応力と変形 ……………………………………………… 22
  - 2.2.1 引　張　部　材　22
  - 2.2.2 圧　縮　部　材　24
  - 2.2.3 温度変化を受ける部材　26
- 2.3 組合せ応力とモールの応力円 ……………………………………………… 27
  - 2.3.1 任意断面に作用する垂直応力とせん断応力　28
  - 2.3.2 モールの応力円　30
- 章　末　問　題 ………………………………………………………………… 32

3. 構造物の安定・不安定と静定・不静定

- 3.1 自　由　度 …………………………………………………………………… 34
- 3.2 構造物の安定と不安定 ……………………………………………………… 35
  - 3.2.1 構造物を支える方法　35
  - 3.2.2 安定な構造物と不安定な構造物　35
- 3.3 構造物の静定と不静定 ……………………………………………………… 36

4. 静定トラス

- 4.1 静定トラスの概要 …………………………………………………………… 39
- 4.2 支　点　反　力 ……………………………………………………………… 43
- 4.3 トラスの解法 ………………………………………………………………… 45
  - 4.3.1 節　点　法　45
  - 4.3.2 断　面　法　48
- 章　末　問　題 ………………………………………………………………… 52

5. 静定ばり

5.1 断面諸量 ·· 54
    5.1.1 断面1次モーメント　54
    5.1.2 断面2次モーメントと断面係数　56
    5.1.3 断面2次半径　58
    5.1.4 断面2次極モーメント　59
    5.1.5 断面2次相乗モーメント　60
5.2 設計に用いる鋼材の材料定数と強度など ··································· 60
5.3 荷重と断面力の関係 ·· 60
5.4 はりのたわみ角とたわみ ·· 65
5.5 はりの応力と簡単な設計練習 ··· 67
章末問題 ··· 68

6. 簡単な静定ばりの影響線

6.1 単純ばりの影響線 ··· 70
    6.1.1 単純ばりの支点反力の影響線　70
    6.1.2 単純ばりのせん断力の影響線　71
    6.1.3 単純ばりの曲げモーメントの影響線　72
6.2 張出しばりの影響線 ·· 73
    6.2.1 張出しばりの支点反力の影響線　73
    6.2.2 張出しばりのせん断力の影響線　73
    6.2.3 張出しばりの曲げモーメントの影響線　74
章末問題 ··· 79

7. 構造物の弾性変形

7.1 外力仕事とひずみエネルギー ··· 80
    7.1.1 外力仕事とは　80
    7.1.2 弾性体に対する仕事　80
    7.1.3 ひずみエネルギーとは　81
7.2 エネルギー保存則 ··· 84
7.3 仮想仕事の原理（片持ちばり，単純ばり，トラス） ······················· 84

7.3.1　基本概念　84
　　7.3.2　仮想仕事とは　85
　　7.3.3　仮想力の原理　85
7.4　カスティリアーノの定理 ……………………………………………………… 93
　　7.4.1　カスティリアーノの第2定理　93
　　7.4.2　カスティリアーノの第1定理　94
7.5　相反作用の定理 ………………………………………………………………… 95
7.6　最小仕事の原理 ………………………………………………………………… 96
　章　末　問　題 …………………………………………………………………… 96

8. 不静定ばり

8.1　応力法による解法（静定基本系による解法）………………………………… 98
　　8.1.1　静定と不静定　98
　　8.1.2　一端固定，他端ローラー，集中荷重が作用するはりの場合　99
　　8.1.3　一端固定，他端ローラー，等分布荷重が作用するはりの場合　101
　　8.1.4　ヒンジとローラー二つで支持され，等分布荷重が作用するはりの場合　103
　　8.1.5　不静定ばり解法の手順　106
　　8.1.6　一般的な荷重載荷への対応（たわみやたわみ角を求める公式が使えない場合）　107
8.2　複　合　構　造 ………………………………………………………………… 109
　章　末　問　題 …………………………………………………………………… 110

9. 不静定トラス

9.1　不　静　定　次　数 …………………………………………………………… 111
9.2　外的不静定トラス ……………………………………………………………… 113
9.3　内的不静定トラス ……………………………………………………………… 117
　章　末　問　題 …………………………………………………………………… 122

10. 長柱と短柱

10.1　長柱：オイラーの座屈荷重 …………………………………………………… 124
10.2　端部の固定条件が両端ヒンジ（オイラーの式）と異なる場合 …………… 127
10.3　短　　　　　柱 ………………………………………………………………… 129

10.3.1　断面の図心に荷重を載荷　*129*
　　　10.3.2　偏心荷重　*129*
　　　10.3.3　構造物の転倒に対する安全　*131*
　章末問題……………………………………………………………………………*133*

11.　たわみ角法

11.1　たわみ角法による不静定ばりの解法………………………………………*134*
11.2　たわみ角法によるラーメン構造の解法（横方向変位なし）………………*142*
11.3　たわみ角法によるラーメン構造の解法（横方向変位あり）………………*148*
　章末問題……………………………………………………………………………*153*

12.　剛性マトリックスの理論

12.1　マトリックス代数……………………………………………………………*155*
12.2　軸力部材の剛性マトリックスの解法………………………………………*158*
　　　12.2.1　ばね要素の剛性マトリックス　*158*
　　　12.2.2　ばね要素に関する剛性方程式の解法　*160*
　　　12.2.3　傾斜トラス要素の剛性マトリックス　*162*
　　　12.2.4　トラス構造の解析　*165*
12.3　棒部材の剛性マトリックスの解法…………………………………………*170*
　　　12.3.1　棒部材の剛性マトリックス　*170*
　　　12.3.2　傾斜棒部材の剛性マトリックス　*174*
　　　12.3.3　構造物の解法　*175*
　章末問題……………………………………………………………………………*179*

付　　録　*182*
引用・参考文献　*184*
章末問題の略解　*186*
索　　引　*189*

囲み記事

ベクトル演算の復習　*3*
三角比の復習　*40*
片持ちばりに生じる応力分布　*59*
図11.25は逆対称？　*150*

1. 力のつり合い

　土木構造物にはさまざまな力が働く。例えば，橋には自動車の荷重が作用するし，ダムなら水圧が作用する。加えて，構造物自身の重さ（自重という）も支えなくてはならない。日本は地震国なので地震による力もたびたび作用するし，台風などによる強風によっても構造物に力が作用することになる。土木構造物は，このようなさまざまな力に耐えなければならない。そのため，力について理解することはたいへん重要である。

　本章では，力とは何かについて，その表現法や単位，分類から始め，その合成や分解，さらに，力のつり合いへと説明を進めていき，力のモーメントについても説明する。

　なお，本章では，高校物理の参考書[1]†を参考にして，高校物理（力学）から大学の土木工学課程の力学へスムーズに移行できるような説明を心がけた。

■ 1.1　力　と　は

1.1.1　力　と　は

　力（force）とは何か。広辞苑[2]を開いて改めて確認してみると，「静止している物体に運動を起し，また，動いている物体の速度を変え，もしくは運動を止めようとする作用」とある。本書（構造力学）では，静止した物体に作用する力のつり合いを学問対象とする**静力学**（statics）について学ぶ。

　力そのものは目に見えない。目に見えるのは，力が作用した結果で，物体が変形している様子を見て，力が作用していることをうかがい知ることができる。力の作用の仕方については，接触するほかの物体から接触面に直接に力を受ける場合に加え，例えば，重力のように非接触で力を受ける場合もある。

1.1.2　力　の　種　類

　土木構造物に働く**荷重**（load）には，ある1点に「集中」して作用するとみなせる荷重もあれば，雪による荷重，あるいは**自重**（own weight）のように「分布」して作用する荷重もある。前者は**集中荷重**（concentrated load）と呼ばれ，1本の矢印で表される。後者は**分布**

---

†　肩付番号は巻末の引用・参考文献番号を示す。

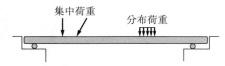

図1.1 集中荷重と分布荷重

荷重（distributed load）として矢印の集合体で表される（**図1.1**）。まずここでは、いろいろな力の基礎となる集中荷重について説明していく。

1.1.3 力の表現法

土木工学分野では、通常、力の「大きさ」と「向き」を矢印で表現する（**図1.2**）。矢印の大きさ（長さ）が力の大きさ、矢印の向きが力の向きである。その矢印の大きさ、方向、作用位置を変えることでさまざまな力を表現することができ、これらを力の3要素という。矢印で与えられた力は、大きさと方向を合わせ持つ量で**ベクトル**（vector）と呼ばれ、その演算はベクトル演算の方法に従う（一方、質量や時間のように大きさだけを持ち、方向を持たない量を**スカラー**（scalar）という）。1.2節では、ベクトル演算の基礎を復習する。

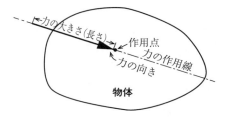

図1.2 力の3要素

1.1.4 力の単位

力の単位はN（ニュートン）で表される。1Nとは、1kgの質量に$1\,\mathrm{m/s^2}$の加速度が作用するときの力である。すなわち

$$1\,\mathrm{N} = 1\,\mathrm{kg} \times 1\,\mathrm{m/s^2}$$

である。しかし、$1\,\mathrm{m/s^2}$の加速度がどのようなものか直感しづらい。そこで、重力で考えると、重力加速度gは、約$9.80665\,\mathrm{m/s^2}$であるから、おおむね102gの物体の重さが1Nである（$0.102\,\mathrm{kg} \times 9.80665\,\mathrm{m/s^2} = 1.00\,\mathrm{N}$）。われわれがよく手にする500mLのペットボトルの水は、（容器の重さを無視して）500gであるから、ほぼ5Nということになる。

より大きい荷重を扱う場合には、例えば、kN（キロニュートン）のような単位が用いられることもある。ここで「k」はキロのことで1000を意味するから、1kNは1000Nのことである。

なお、力の単位として、ダイン（dyne, 単位記号はdyn）が用いられることもある。1dynは

$$1\,\mathrm{dyn} = 1\,\mathrm{g} \times 1\,\mathrm{cm/s^2}$$

である。

1.1.5 力の作用線の法則

力が作用する位置を作用点という。作用点を通り、力が作用する方向に引いた線を作用線

という（図 1.2 参照）。ある物体に作用する力は，その力の作用点を作用線上のどこに移動しても，その働きは変わらない。これを力の作用線の法則という。

1.2 力の合成と分解

1.2.1 力の合成

力の合成の仕方には 2 種類の方法がある。一つは，平行四辺形の法則による方法である（**図 1.3**（a））。この方法では，ベクトル $\vec{a}$ とベクトル $\vec{b}$ を 2 辺として平行四辺形を描いたとき，その対角線の大きさと向きが合成した結果となる。

もう一つは，ベクトルの加法（足し算）に従う方法である。図（b）のように，$\vec{b}$ の始点を $\vec{a}$ の終点に平行移動したとき，ベクトル $\vec{a}$ の始点とベクトル $\vec{b}$ の終点を結ぶベクトル $\vec{c}$ が合成結果である（力の三角形による方法）。

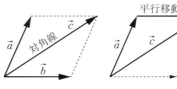

（a）平行四辺形の法則による方法　　（b）力の三角形による方法

図 1.3 力の合成

さらに，解析的に（数式を使って）解く方法もある。2 力の合成を求めるには，**図 1.4** において

― ベクトル演算の復習 ―

力の合成と分解を考えるにあたっては，ベクトル演算が必須なので，ここでは，ベクトル演算の簡単な復習を行う。

図（a）において，ベクトル $\vec{a}$ とベクトル $\vec{b}$ の和を計算するには，ベクトル $\vec{b}$ を破線の位置に平行移動してベクトル $\vec{a}$ の終点とベクトル $\vec{b}$ の始点をつなげればよい。このとき，$\vec{a}$ の始点と $\vec{b}$ の終点を結んでできたベクトル $\vec{c}$ が $\vec{a}$ と $\vec{b}$ の和である。すなわち

$$\vec{a} + \vec{b} = \vec{c} \tag{1}$$

である。もし，各ベクトルの成分が与えられている場合には，x 成分，y 成分どうしを足せばよい。

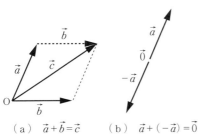

（a）$\vec{a}+\vec{b}=\vec{c}$　　（b）$\vec{a}+(-\vec{a})=\vec{0}$

図 ベクトルの和

すなわち，$\vec{a}=(a_1, a_2)$，$\vec{b}=(b_1, b_2)$ なら
$$\vec{c} = \vec{a} + \vec{b} = (a_1+b_1, a_2+b_2) \tag{2}$$
である。大きさが等しく，向きが反対の二つのベクトルの和はゼロベクトルとなる（図（b））。すなわち
$$\vec{a} + (-\vec{a}) = \vec{0} \tag{3}$$
であり，成分で表現すると，次式となる。
$$\vec{a} + (-\vec{a}) = (a_1, a_2) + (-a_1, -a_2) = (0, 0)$$

4　1. 力のつり合い

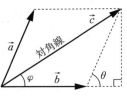

図1.4 力の合成

$$c^2 = (b + a\cos\theta)^2 + (a\sin\theta)^2$$
$$= b^2 + a^2(\sin^2\theta + \cos^2\theta) + 2ab\cos\theta$$
$$= a^2 + b^2 + 2ab\cos\theta$$

となる。ゆえに

$$c = \sqrt{a^2 + b^2 + 2ab\cos\theta} \tag{1.1}$$

である。ただし，$a=|\vec{a}|$，$b=|\vec{b}|$，$c=|\vec{c}|$ としている。合成結果が水平軸となす角度 φ は，次式のようになる。

$$\varphi = \tan^{-1}\frac{a\sin\theta}{b + a\cos\theta} \tag{1.2}$$

例題 1.1

図1.5 に示す二つの力を合成してみよう。ここでは，解析的な手法を用いる。

解答

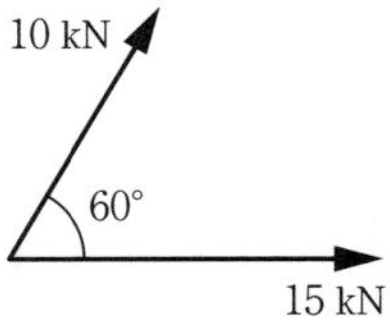

合力の大きさは，$c^2 = a^2 + b^2 + 2ab\cos\theta$ で求められるから
$$c^2 = 10^2 + 15^2 + 2\cdot 10 \cdot 15 \cos 60° = 475$$
である。よって，$c = 21.8$ kN である。

二つの力がなす角度は，$\tan\varphi = \dfrac{a\sin\theta}{b + a\cos\theta}$ を用いて

$$\varphi = \tan^{-1}\frac{a\sin\theta}{b + a\cos\theta} = \tan^{-1}\frac{10\sin 60°}{15 + 10\cos 60°} = 23.4°$$

図1.5 力の合成

穴埋め例題 1.1

図1.6 に示す二つの力の合力を解析的な手法を用いて合成せよ。

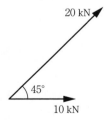

図1.6 力の合成

解答

合力の大きさは，$c^2 = a^2 + b^2 + 2ab\cos\theta$ から求められるから

$$c^2 = \boxed{}$$

である。よって，$c = \boxed{}$ である。

二つの力がなす角度は，$\tan\varphi = \dfrac{a\sin\theta}{b + a\cos\theta}$ を用いて

$$\varphi = \tan^{-1}\frac{a\sin\theta}{b + a\cos\theta} = \boxed{}$$

1.2.2 力の分解

ある力を二つの力に分解するには，平行四辺形の法則を逆に使えばよい。分解された力を分力という。すなわち，元の力を対角線とする平行四辺形を作ると，2辺のベクトルがそれぞれ分力となる。これを力の分解という。分解したい二つの方向が変わるごとに，異なる分力が求められる。ここでは例として，あるベクトル $\vec{F}$ を直交する2方向（x 成分と y 成分）に分解する場合を考える（図1.7）。

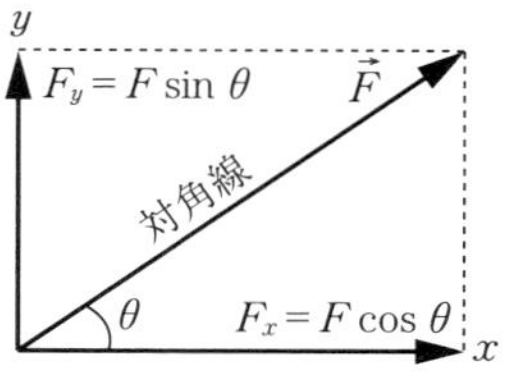

$|\vec{F}| = F$ として

$$F_x = F \cos \theta, \quad F_y = F \sin \theta$$

である。ただし，θ は合力 $\vec{F}$ と x 軸とのなす角度である。

図1.7　力の分解

分力の作用線を指定すれば，任意の2方向に力を分解することが可能である。いま，ある力 $\vec{P}$ を直交しない2方向 x_1 軸と x_2 軸の方向に分解することを考える（図1.8）。力 $\vec{P}$ が x_1 軸となす角度を θ，x_1 軸と x_2 軸のなす角度を β とし，x_1 軸方向，x_2 軸方向へのそれぞれの分力の大きさを X_1，X_2 とすれば，$X_1 \sin \beta = P \sin(\beta - \theta)$ の関係があるので

$$X_1 = \frac{\sin(\beta - \theta)}{\sin \beta} P \tag{1.3}$$

となる。

また，$X_2 \sin \beta = P \sin \theta$ なので

$$X_2 = \frac{\sin \theta}{\sin \beta} P \tag{1.4}$$

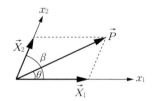

図1.8　任意の2方向への力の分解

の関係も得られる。すなわち，分力 $\vec{X_1}$，$\vec{X_2}$ を元の力 $\vec{P}$ と，力 $\vec{P}$ と x_1 軸がなす角度 θ や2軸 x_1，x_2 がなす角度 β で表現することができる。

例題 1.2

図1.9のように，点Oに斜めに作用する荷重 $P = 100 \text{ kN}$ を P_x と P_y に分解せよ。

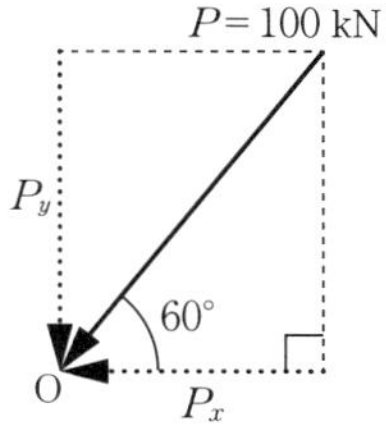

解答

$$P_x = P \cos 60° = 100 \text{ kN} \times \frac{1}{2} = 50 \text{ kN}$$

$$P_y = P \sin 60° = 100 \text{ kN} \times \frac{\sqrt{3}}{2} = 86.6 \text{ kN}$$

（分力の作用位置が点Oであることに注意せよ。）

図1.9　力の分解

1. 力のつり合い

穴埋め例題 1.2

図1.10のように，点Oに斜めに作用する荷重 $P=50$ kN を P_x と P_y に分解せよ。

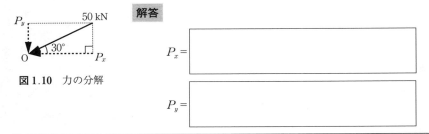

図1.10 力の分解

解答

$P_x =$

$P_y =$

1.3 モーメント

1.3.1 モーメントの概念

ある物体に P なる力が作用するとき，その作用線から a だけ離れた点Oに関する**力のモーメント**（moment of a force）は，図1.11において，つぎのように表される。すなわち，点Oまわりの力のモーメント M は

$$M = P \times a \tag{1.5}$$

のように，「力」×「うでの長さ」で表される。ここで，うでの長さ a とは，回転軸Oから力の作用線までの垂直距離であることに注意が必要である。モーメントの計算において，うでの長さとは，回転軸Oから力の作用線までの垂直距離であることから，力を作用線上のどこに移しても，ある点まわりのモーメントの値は変わらないことになる。

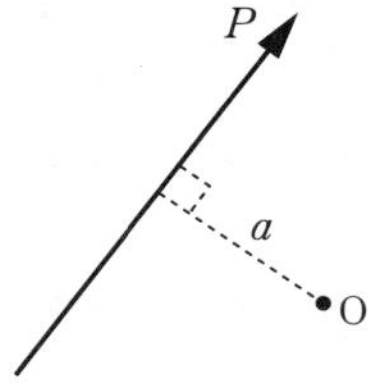

図1.11 モーメントの概念

1.3.2 モーメントの図示法

モーメントを図示するには，その大きさ，向き，回転軸を表現しなければならない（作用面は紙面＝2次元平面とする）。そのために，図1.12のように，円弧に矢印を付けた形で表し，向きと回転軸を表現する。この場合は，点Oが回転軸で，点Oを時計回りに回転させるモーメントを表現している。時計回りを＋（プラス）と定義すると，反時計回りのモーメントは－（マイナス）として取り扱われる。力を矢印で表現した際に，矢印の長さで力の大きさを表現したが，モーメントを表現する場合は異なる。円弧の長さはモーメントの大きさとは関係なく，モーメントの大きさは数字を添えて表現する。図の例では，時計回りに $M=32.5$ kN·m のモーメントが作用していることを表現している。

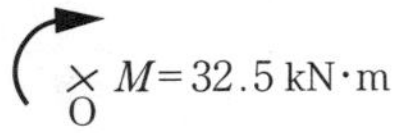

図1.12 モーメントの概念

1.4 力のつり合い

物体に働く複数の力の合力が0になるとき，あるいは，複数の力が一つの物体に作用し，その物体の運動や静止の状態になんらの変化も与えないとき，これらの多くの力はつり合っている（あるいは，物体は**つり合いの状態**（equilibrium condition）にある）という。以下，この**力のつり合い**（equilibrium of forces）について，最も簡単な2力のつり合いから3力のつり合い，さらに多数の力のつり合いへと，順を追って説明する。

1.4.1 2力のつり合い

同一作用線上にあり，大きさが等しく，向きが反対の二つの力はつり合っている。数学的にいうと，図1.3（b）で考えたベクトル和が0になることに相当し，次式で表される。

$$\vec{a} + (-\vec{a}) = \vec{0}$$

1.4.2 3力のつり合い

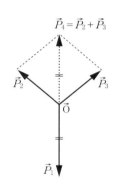

図1.13 三つの力のつり合い

図1.13において，1点（点O）に作用する三つの力 $\vec{P}_1$，$\vec{P}_2$，$\vec{P}_3$ がつり合っているとすると，二つの力 $\vec{P}_2$ と $\vec{P}_3$ の合力は $\vec{P}_4 = \vec{P}_2 + \vec{P}_3$ であり，$\vec{P}_4$ はもう一つの力 $\vec{P}_1$ と同一作用線上にあり，大きさが等しく向きが反対である。すなわち，三つのうちの二つの合力を考え，その合力と残り一つの力とのつり合いを考えると，これらの力は同一作用線にあり，大きさが等しく，向きが反対となっている。

1.4.3 力の三角形

図1.14 力の三角形

三つの力がつり合っているなら，その合力は0となる。すなわち，図1.13の力のつり合いにおいて，力の三角形は図1.14のように閉じる。三つの力がつり合うためには，3力の合力が0であることに加え，構造物の異なる位置に作用する3力については，それらの作用線が1点で交わる必要があることに注意が必要である。この条件がないと任意の2力の合力と，残りの力は作用線が一致しないため，物体にはたらく力はつり合わず，物体は回転してしまう。

1.4.4　1点で交わる力のつり合い（多数の力がある場合）

ここまで，二つの力，あるいは，三つの力について力のつり合いを考えてきたが，1点で交わる多数の力 P_1, P_2, … がつり合い状態にあるための条件は，それらの合力が0であることである。これを図解法でいうと，力の多角形が閉じることに対応する。解析的には力 P_1, P_2, … の x 方向分力の大きさを X_1, X_2, …, y 方向分力の大きさを Y_1, Y_2, …, 合力を R として次式が成り立つ。

$$R = \sqrt{\left(\sum_i X_i\right)^2 + \left(\sum_i Y_i\right)^2} = 0$$

よって

$$\sum_i X_i = 0, \quad \sum_i Y_i = 0 \tag{1.6}$$

なお，ここではモーメントのつり合いを考えていないが，これはすべての力の作用線がある1点Oの上を通るので，点Oに関するうでの長さが0となり，モーメントが0になるからである。すなわち，1点で交わる多数の力のつり合いを考えるときは，モーメントのつり合いは考えなくてもよい。4章で学ぶ，トラス構造の「節点法」では，ある節点における力のつり合いを考えるが，すべての力が1点（節点）を通るため，モーメントのつり合いは考えなくてよい。

1.4.5　1点で交わらない力のつり合い

1点で交わらない多数の力 P_1, P_2, … がつり合うためには，それらの x 方向分力の大きさを X_1, X_2, …, y 方向分力の大きさを Y_1, Y_2, …, 力 P_1, P_2, … の点Oに関するモーメントを M_1, M_2, … として，つぎの条件を満足しなければならない。

$$\sum_i X_i = 0, \quad \sum_i Y_i = 0, \quad \sum_i M_i = 0 \quad \text{at 点 O} \tag{1.7}$$

ここで，$\sum_i X_i = 0$, $\sum_i Y_i = 0$ は上下と左右方向への並進運動が起こらないこと，$\sum_i M_i = 0$ at 点Oは回転運動が起こらないことを意味している。

例題 1.3

図1.15に示す三つの力が点Oに作用している。合力 R の大きさと向きを求めるとともに，これらの力がつり合っているかどうか，判定せよ。

解答

$$\sum_i X_i = 80\cos 30° - 50\cos 60° - 30\cos 45°$$

$$= 40\sqrt{3} - 25 - 15\sqrt{2} \approx 23.07 \text{ kN}$$

$$\sum_i Y_i = 80 \sin 30° + 50 \sin 60° - 30 \sin 45°$$

$$= 40 + 25\sqrt{3} - 15\sqrt{2} = 62.09 \text{ kN}$$

よって，合力の大きさは $R = \sqrt{\left(\sum X\right)^2 + \left(\sum Y\right)^2}$
$= 66.24$ kN となり，0 でないので，つり合っていない。向きは，$\theta = 69.6°$

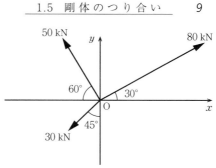

図 1.15　合力の大きさと向き

穴埋め例題 1.3

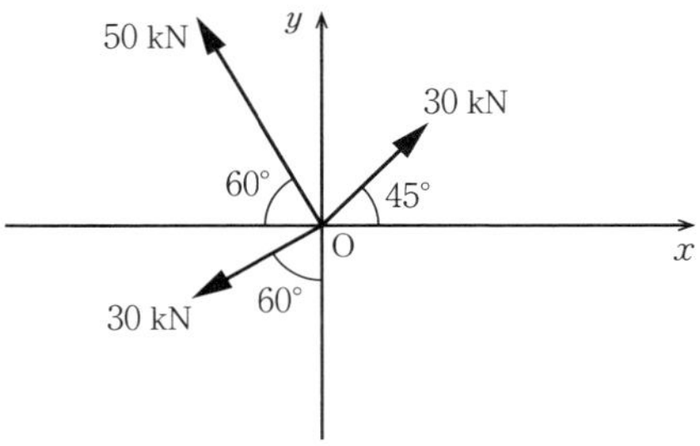

図 1.16 に示す三つの力が点 O に作用している。合力 R の大きさと向きを求めよ。

図 1.16　合力の大きさと向き

解答

$$\sum_i X_i = $$

$$\sum_i Y_i = $$

よって，合力の大きさは

$$R = \sqrt{\left(\sum X\right)^2 + \left(\sum Y\right)^2} = $$

となる。向きは，$\theta = $（x 軸から反時計回りに測った角度）

1.5　剛体のつり合い

1.5.1　剛体と質点

　土木構造物のように「大きさ」を持つ物体に働く力の考え方を学習するため，ここでは剛体に作用する力のつり合いについて考える。

　剛体とは，力を加えても変形せず，かつ，ある大きさを持つ物体のことであり，それに力を加えると，力の作用点や力の方向によって，並進運動や回転運動をする（図 1.17）。並進運動とは図（a）のように剛体全体が平行移動する運動で，回転運動では，図（b）のように

10　1. 力のつり合い

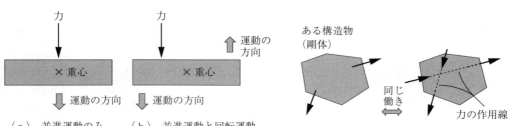

（a）並進運動のみ　　（b）並進運動と回転運動

図1.17　並進運動と回転運動

図1.18　作用線上の力と移動

ある軸まわりに剛体が回転する。質点を取り扱う場合は大きさを考えないので，並進運動のみ考えていることになる。

剛体に働く力の作用は，作用点の位置，力の大きさ，作用線の向きによって決まる。剛体に働く力を作用線上で移動させても，力の作用は変わらない。すなわち，剛体に働く力は，作用線上ならどの位置に移動させても，物体の並進運動や回転運動を生じさせる効果は同じである（**図1.18**）。

構造物に力が作用すると変形するが，構造力学では，通常，構造物を剛体として取り扱った上で，力のつり合いを考える。

1.5.2　力のモーメント

モーメントは，剛体に回転運動をさせる働きがある。**図1.19**において，点Oまわりの力のモーメントは，「力P」×「うでの長さl」で表される。うでの長さとは，回転軸Oから力の作用線までの垂直距離である。

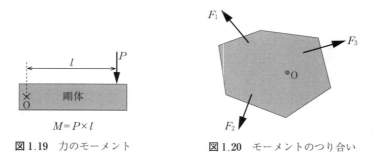

図1.19　力のモーメント

図1.20　モーメントのつり合い

1.5.3　モーメントのつり合い

図1.20のように，物体にいくつかの力が働いていて（F_1, F_2, F_3など），それぞれの点Oに関するモーメントがM_1, M_2, M_3などのとき，ある点まわりのモーメントの和が0，すなわち，$\sum M = 0$ならば，力のモーメントはつり合っており，物体は回転しない。物体のある

点に対してモーメントがつり合っているならば，別の任意の点まわりでもつり合っている。

1.5.4 偶　　力

ある静止した物体に，大きさが等しく，向きが反対で，かつ，作用線が一致していない（交わらない）2力（**偶力**，couple）が働く場合を考える。二つの力を足すと0になるので，物体は並進運動しない。一方，モーメントは0でないので，物体は回転してしまう。点Oまわりのモーメントを考えると，偶力のモーメントは，図1.21を参考にして，次式で表される。

$$M = -Fx + F(a+x) = Fa$$

すなわち，偶力のモーメントは力の作用線間の距離によって決まり，回転軸の位置とは関係がない。

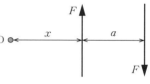

図1.21 偶　力

1.5.5 剛体のつり合い

剛体のさまざまな位置に働く多数の力 P_1, P_2, … がつり合うためには，それぞれの力の x 成分 X_i の和，y 成分 Y_i の和が0になることに加え，ある点まわりのモーメント M_i の和も0にならなくてはならない。すなわち

$$\sum X_i = 0, \quad \sum Y_i = 0, \quad \sum M_i = 0 \quad \text{at 点 O} \tag{1.8}$$

ここで，$\sum X_i = 0$, $\sum Y_i = 0$ は剛体の並進運動が起こらないこと，$\sum M_i = 0$ at 点O は剛体の回転運動が起こらないことを意味している。

例題 1.4

図1.22のように，剛な棒に $P = 100$ kN と V_A, V_B が作用し，つり合っている。このとき，V_A, V_B を求めよ。

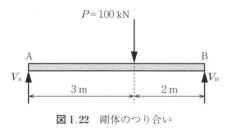

図1.22 剛体のつり合い

解答

鉛直方向の力のつり合いから

$$V_A + V_B = 100 \text{ kN} \tag{1.9}$$

点Bに関するモーメントのつり合いから

$$5V_A - 100 \text{ kN} \times 2 \text{ m} = 0 \tag{1.10}$$

式 (1.9), (1.10) より，$V_A = 40$ kN, $V_B = 60$ kN

穴埋め例題 1.4

図 1.23 のように,剛な棒に $P=80$ kN と V_A, V_B が作用し,つり合っている。このとき,V_A, V_B を求めよ。

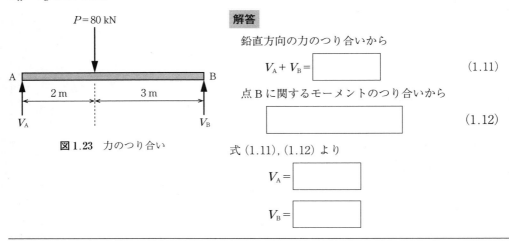

図 1.23 力のつり合い

解答

鉛直方向の力のつり合いから

$$V_A + V_B = \boxed{} \tag{1.11}$$

点 B に関するモーメントのつり合いから

$$\boxed{} \tag{1.12}$$

式 (1.11), (1.12) より

$$V_A = \boxed{}$$

$$V_B = \boxed{}$$

1.6 荷重のモデル化

ここまでは,力や荷重を集中荷重として扱い,1本の矢印で表してきた。それに対して,構造物の自重や雪荷重などは,荷重が分布して作用する。このように,分布して構造物に作用する荷重を分布荷重というが,そのうち,荷重の大きさが一様なものは**等分布荷重**(uniform load)と呼ばれ,単位長さ当りの荷重として表される。例えば,10 kN/m の等分布荷重とは,1 m 当り 10 kN の荷重が作用しているという意味で,もしこの荷重が長さ 5 m にわたり作用しているならば,10 kN/m×5 m=50 kN が構造物に作用していることになる。

構造物に作用する力のつり合いを考えるにあたり,分布荷重を集中荷重へ置き換えて考えると便利である。分布荷重を集中荷重へ置き換える際には,構造物に作用する力のつり合いに影響を与えないように置き換えなければならない。そのため,図 1.24 (a) のように,大きさ w_0 の等分布荷重が長さ l にわたり作用する場合には,$P=w_0 l$ という大きさの集中荷重で置き換え,かつ,その作用位置は,等分布荷重の中央となる。もし,図 (b) のように,分布荷重の分布形状が三角形状の場合には,$P=w_0 l/2$ という大きさの集中荷重を,三角形分布荷重の大きい側から $l/3$ のところに作用させることになる。

1.6 荷重のモデル化

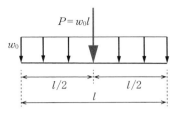
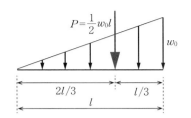

（a）等分布荷重 w_0 が長さ l に
わたって作用する場合

（b）分布荷重の分布形状が
三角形状の場合

図 1.24　分布荷重の集中荷重への置き換え

例題 1.5

図 1.25 に示す長さ 10 m の構造物の左半分に大きさ $w_0 = 5\,\mathrm{kN/m}$ の等分布荷重が作用している。集中荷重に置き換えた場合の集中荷重の大きさと作用位置を求めよ。

解答

集中荷重の大きさは
$$P = w_0 l = 5\,\mathrm{kN/m} \times 5\,\mathrm{m} = 25\,\mathrm{kN}$$
である。作用させる位置は，左端から 2.5 m の位置である。

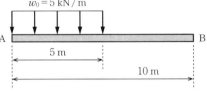

図 1.25　集中荷重への置き換え

穴埋め例題 1.5

図 1.26 に示すように，長さ 9 m の構造物の中央の 1/3 の部分に三角形状の分布荷重が作用している。集中荷重に置き換えた場合の集中荷重の大きさと作用位置を求めよ。

解答

集中荷重の大きさは

$P=$

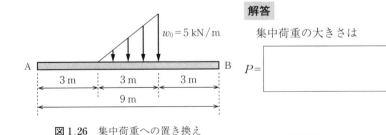

図 1.26　集中荷重への置き換え

作用させる位置は，三角形分布の小さいほうから ☐ の位置なので，構造物の左端から ☐ m の位置ということになる。

章 末 問 題

【1.1】 1 N は 1 dyn の何倍か。

【1.2】 問図 1.1 に示すように点 O に $P_1 = 100$ kN の荷重が加えられており，これを P_2, P_3 の二つの力で支える時，P_2, P_3 はいくらになるか。ただし，これら三つの力のなす角度は，それぞれ 120° であるとする。

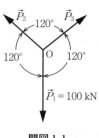

問図 1.1

【1.3】 図 1.24（a）では等分布荷重を集中荷重に置き換えた。その結果，等分布荷重の場合には，集中荷重の大きさは，「等分布荷重の大きさ w_0」×「分布長さ l」とし，また等分布荷重の中央に作用させたが，それが正しい理由について説明せよ。

【1.4】 図 1.24（b）では三角形状の分布荷重を集中荷重に置き換えた。その結果，集中荷重の大きさは，「三角形分布荷重の最大値 w_0」×「分布長さ l」を 2 で割った値（三角形の面積に相当）とし，また集中荷重は三角形状の分布荷重の 1/3 の位置（大きい側）に作用させたが，それが正しい理由について説明せよ。

【1.5】 両端で支えられている長さ 5 m の剛な棒 AB の中心から 0.5 m ずれた場所（すなわち，A 端から 3 m の位置）に 100 kN の荷重が作用している（問図 1.2）。この剛体に作用する力のつり合いを考えると，点 A, B で支える鉛直力は，それぞれ $V_A = 40$ kN, $V_B = 60$ kN のように求めることができ，これらの力により，棒は回転することなく，力のつり合いが保たれている。すなわち，V_A, V_B は鉛直力を支えると同時に，棒の回転も止めていることになる。

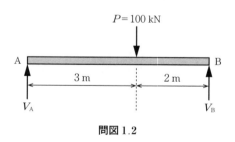

問図 1.2

そこで，これらの鉛直力のうち，どれだけが鉛直方向の力のつり合いに寄与し，どれだけがモーメントのつり合い（棒が回転してしまわないこと）に貢献しているのか，議論せよ。

2. 構造材料の性質と強さ

土木・建築構造物は，柱，はり（梁），スラブ（壁，床）などの部材の組合せにより構成されている。部材はさまざまな力（外力，荷重）により変形し，部材内部には変形に抵抗する力が生じる。さらに，外力が大きくなり，ある限度を超えると構造物（部材）は破壊しあるいは十分な強さ（耐力）を失う。従って，安全で安定な構造物を設計するためには，外力を受ける構造物（部材）の変形と内部に生じる力およびそれらの相互作用を理解するとともに，構造物（部材）を成す構造材料の特性を知ることが重要となる。

ここでは，構造物，部材の変形や破壊などを理解するのに必要な「応力」，「ひずみ」および「応力とひずみの関係」などの材料の力学的性質を学ぶ。

2.1 応力とひずみ

2.1.1 応　　　力

構造物または部材は，外力すなわち荷重が作用すると変形するが，同時にこの変形に抵抗しようとして外力と同じ大きさの力が部材内に生じる。この力を内力という。この内力の大きさを単位面積当たりの値で表したものを**応力**（stress）と定義している。すなわち，一般に応力は内力（＝外力）の大きさを，それが作用している面の断面積で除して計算される。応力は外力の作用条件の相違により，直応力（または垂直応力）とせん断応力がある。

〔1〕**引 張 応 力**　図2.1のような引張荷重 P が一様断面の棒部材の軸方向に加わった場合，部材内には外力に抵抗しようとする内力 $\sigma_t A(=P)$ が生じる。断面 t-t に内力が均等に分布すると仮定し，断面 t-t の面積を A とすると，**引張応力**（tensile stress）は次式となる。

$$\sigma_t = \frac{P}{A} \tag{2.1}$$

応力の単位は荷重（N）と面積（m²）を用いると，

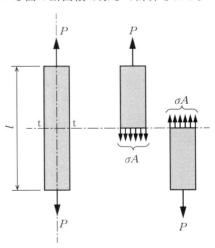

図2.1　引張応力

N/m^2 である。また，Pa（パスカル）（＝N/m^2）も用いられる。一般に，構造物の設計等では N/mm^2 または MPa がよく使用される。

ここで，$1 \times 10^6 \, N/m^2 = 1 \, N/mm^2$，または $1 \times 10^6 \, Pa = 1 \, MPa$ である。

穴埋め例題 2.1

直径 20 cm の一様断面の棒部材に 50 kN の引張荷重が作用する場合の引張応力の大きさを，N/mm^2 または MPa で表せ。

解答

断面積 $A = 10 \times 10 \times \pi = 314 \, cm^2 = 314 \times 10^2 \, mm^2$，荷重 $P = 50 \, kN = \boxed{}$ N として，

引張応力 $\sigma_t = \dfrac{P}{A} = \boxed{} \, N/mm^2$ または $\boxed{}$ MPa となる。

〔2〕**圧 縮 応 力** 図 2.1 において，外力 P の向きを反対にすればその力は圧縮荷重となる。この圧縮力が棒部材の軸方向に加わった場合，部材内には引張の場合と逆方向の内力が生じ，式 (2.1) で算出される断面 t-t に引張とは逆方向の均等な**圧縮応力**（compressive stress : σ_c）が発生する。圧縮と引張では作用する向きが逆なので，一般に引張荷重および引張応力の符号を"正"，圧縮荷重および圧縮応力の符号を"負"として用いる。なお，引張応力と圧縮応力を総称して**直応力**または**垂直応力**（normal stress）という。

穴埋め例題 2.2

正方形の安山岩の柱の上に質量が 10 tf の物体を載せる場合，安山岩に生じる応力を $8 \, N/mm^2$ 以下とするためには，その寸法をいくらにすればよいか。

解答

正方形の一辺の長さを $a \, [mm]$ とする。圧縮荷重 $P = 10 \, tf = 98 \times 10^3 \, N$ であるから

$$\sigma_c = \frac{P}{A} = \frac{98 \times 10^3}{a^2} \leq 8$$

を満たす a の値を求める。上式より

$$a^2 \geq \frac{98 \times 10^3}{8} = 12\,250 \, mm^2$$

したがって，$a \geq \sqrt{12\,250} = \boxed{}$ mm 以上とする。

〔3〕 **せん断応力**　図2.2のように断面t-tを切断しようとする力Qをせん断力という。このせん断力によって部材の上下部分①，②はt-t断面に沿ってすべりを起こすが，これに抵抗しようとする応力が断面に平行に生じる。このような応力を**せん断応力**（shearing stress）いう。滑りに抵抗する応力がt-t断面（断面積A）に沿って一様に働くとすれば，せん断応力τは次式となる。

$$\tau = \frac{Q}{A} \tag{2.2}$$

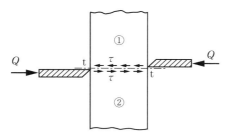

図2.2　せん断力とせん断応力

〔4〕 **そのほかの応力**　荷重（外力）によって応力が発生するから，荷重の種類に対応して応力の種類がある。例えば，**図2.3**のように，曲げ荷重，ねじり荷重により生じる応力を曲げ応力，ねじり応力という。しかし，曲げ応力は引張応力と圧縮応力が同時に生じる場合であり，ねじり応力は断面にせん断応力が線形に分布する場合である。すなわち，複雑な荷重を受ける場合であっても，部材内の応力状態は，上記〔1〕，〔2〕，〔3〕の3種類の応力およびそれらを組み合わせた応力に帰着する。

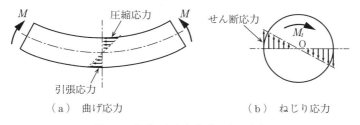

（a）曲げ応力　　　　　　（b）ねじり応力

図2.3　曲げ・ねじり荷重による応力

穴埋め例題2.3

つぎの文章の空欄を埋めよ。

図2.4の単純ばりにおいて，曲げモーメントにより中立軸に生じる応力の値は　　　である。中

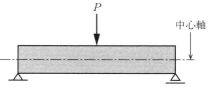

図2.4　単純ばりの応力

18   2. 構造材料の性質と強さ

立軸より上側（上縁）に生じる応力の種類は，□であり，下側（下縁）に生じる応力の種類は，□である。また，②，③の応力を総称して，□という。

2.1.2 ひ ず み

荷重の作用等で部材に変形が起きたとき，その変形量を単位量当りの変形量で表したものを**ひずみ**（strain）と定義している。すなわち，変形量を部材の原寸法で除した値で計算される。変形（ひずみ）は，外力に抵抗しようとする内力（応力）によって生じるので，ひずみの種類は応力と同一である。したがって，ひずみには**引張ひずみ**，**圧縮ひずみ**および**せん断ひずみ**がある。

〔1〕 **引張ひずみと圧縮ひずみ**　　図2.5のような長さ l，直径 d の一様断面の丸棒部材を軸線に沿って引張力または圧縮力が作用すると，引張の場合，部材は荷重方向に伸び，これと直角方向の直径は減少する（縮む）。圧縮の場合は，引張とは逆に部材は荷重方向に縮み，これと直角方向の直径は増加する（伸びる）。荷重が作用している状態の部材の寸法を l', d' とすると，荷重方向の変形量 λ と荷重に直角の方向の変形量 δ はそれぞれ次式となる。

$$\left. \begin{array}{l} \lambda = l' - l \\ \delta = d' - d \end{array} \right\} \tag{2.3}$$

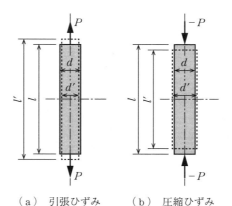

(a) 引張ひずみ　　(b) 圧縮ひずみ

図2.5　垂直ひずみ

ひずみは，変形量を部材の原寸法で除した値であるので，荷重方向のひずみ ε は次式となる。

$$\varepsilon = \frac{\lambda}{l} = \frac{l' - l}{l} \tag{2.4}$$

この式において，引張荷重によって生じるひずみを**引張ひずみ**（tensile strain），圧縮荷重によって生じるひずみを**圧縮ひずみ**（compressive strain）といい，正負の符号を付けて区別する（引張ひずみが正，圧縮ひずみが負である）。また，両者を総称して**縦ひずみ**（longitudinal strain）または**垂直ひずみ**（normal strain）という。

同様に，荷重と直角方向のひずみ ε' は次式となる。

$$\varepsilon' = \frac{\delta}{l} = \frac{d'-d}{d} \tag{2.5}$$

このひずみを**横ひずみ**（lateral strain）といい，引張では負，圧縮では正の値となる。

前述したようにひずみは変形量を部材の原寸法で除した値，すなわち，長さを長さで除して計算されるので，**ひずみの単位**は無次元であり，桁数を示す 10^{-6} や μ（マイクロ），％などを付けて表示する。

〔2〕 **ポアソン比** 縦ひずみ ε と横ひずみ ε' の比を**ポアソン比** ν（Poisson's ratio）といい，次式となる。

$$\nu = \left|\frac{\varepsilon'}{\varepsilon}\right| \tag{2.6}$$

引張または圧縮の場合それぞれ，縦ひずみ ε と横ひずみ ε' はつねに符号を異にするため，ポアソン比の計算は絶対値を付けて正号で表す。ポアソン比は0.5より小さい値となり，構造用鋼材では約0.3，コンクリートでは0.15〜0.2である。また，ポアソン比の逆数 $m = 1/\nu$ を**ポアソン数**（Poisson's number）という。

〔3〕 **せん断ひずみ** せん断力によって生じるひずみを**せん断ひずみ**（shearing strain）といい，すべりの度合いで表す。**図2.6**のように直方体のABCD面がせん断力 Q の作用により，平行四辺形ABC'D'に変形したとすると，すべりの変形量はDD'またはCC'となる。また，$\angle \mathrm{DAD'} = \angle \mathrm{CBC'} = \gamma$ とすると，せん断ひずみは式（2.7）で表される。式のようにせん断ひずみは角変位となり，ラジアン〔rad〕の単位を用いる。

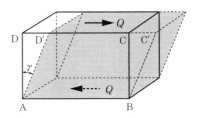

図2.6 せん断ひずみ

$$\frac{DD'}{AD} = \frac{CC'}{BC} = \tan\gamma \fallingdotseq \gamma \quad (\because \theta \text{が微小の場合，} \tan\theta \fallingdotseq \theta) \tag{2.7}$$

穴埋め例題 2.4

図2.7は長さ $L = 200$ mm，直径 $D = 100$ mm のコンクリートの円柱供試体を荷重 $P = 300$ kN で圧縮載荷したところ，長さは $L_1 = 199.8$ mm に直径は $D_1 = 100.02$ mm となった。このとき，供試体に生じている圧縮応力 σ_C，縦ひずみ ε，横ひずみ ε' およびポアソン比 ν を計

20   2. 構造材料の性質と強さ

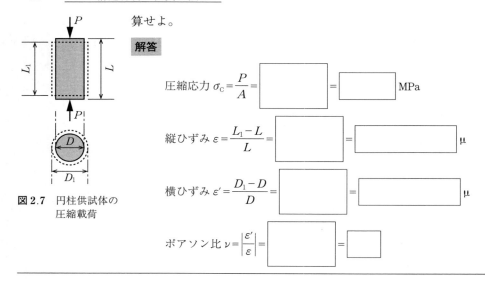

図 2.7 円柱供試体の圧縮載荷

算せよ。

解答

圧縮応力 $\sigma_C = \dfrac{P}{A} = \boxed{} = \boxed{}$ MPa

縦ひずみ $\varepsilon = \dfrac{L_1 - L}{L} = \boxed{} = \boxed{}$ μ

横ひずみ $\varepsilon' = \dfrac{D_1 - D}{D} = \boxed{} = \boxed{}$ μ

ポアソン比 $\nu = \left|\dfrac{\varepsilon'}{\varepsilon}\right| = \boxed{} = \boxed{}$

2.1.3 応力とひずみの関係

応力－ひずみ曲線（線図）は，ある材料でできた試験片（供試体）に引張または圧縮荷重を徐々に載荷し，荷重の増加に伴う応力とひずみの値を測定・算出し，両者の関係をグラフに表したものである。なお，この曲線は一般に，縦軸に応力の値，横軸に縦ひずみの値をプロットして表示する。図 2.8 に各種材料の応力－ひずみ曲線の模式図を示す。

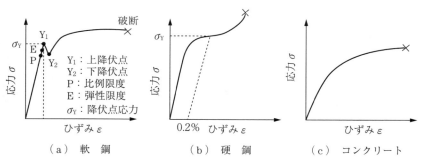

図 2.8 応力－ひずみ曲線（模式図）

〔1〕 **軟鋼の応力－ひずみ曲線の特性**　図 2.9 は軟鋼の引張試験における応力－ひずみ曲線を示したものである。この曲線において，σ と ε の関係は点 P までは直線関係を示し，それより大きい応力になると直線関係ではなくなるが，点 E までは荷重を取り去る（除荷）とひずみは残らない（原寸法に戻る）。材料のこのような性質を**弾性**（elasticity），このような変形を**弾性変形**（elastic deformation）という。点 E を超える応力の大きさになると，もはや荷重を取り去ってもひずみが残る（原寸法に戻らない）。材料のこのような性質を**塑性**

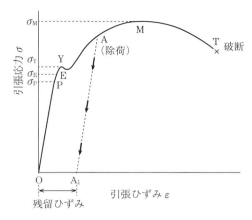

図 2.9 応力−ひずみ曲線

(plasticity），このような変形を**塑性変形**（plastic deformation）という。また，点 P に対応する応力 σ_P を**比例限度**（proportional limit），点 E となる応力 σ_E を**弾性限度**（elastic limit）という。

点 E からさらに荷重を増加させて点 Y に達すると，急激にひずみが増え始める。このような状態を**降伏**（yield），点 Y となる応力 σ_Y を**降伏点応力**（yield point stress）という。つぎに，点 E を超えた任意の点 A まで載荷した後，除荷すると，応力とひずみは直線 OP にほぼ平行に AA_1 線を描いて減少し，荷重が完全に取り去られても OA_1 の大きさのひずみが残る。これを**残留ひずみ**，または**永久ひずみ**（permanent strain）という。応力−ひずみ曲線上で応力が最大値となる点 M の応力 σ_M を**引張強さ**または**引張強度**（tensile strength）という。点 M よりさらに載荷を進めると変形が進行し，応力が少し低下して破断点 T に至る。

〔2〕 **弾 性 係 数** 図 2.9 で説明したように，点 P までは応力とひずみは 1 次の正比例の関係となる。この比例定数を E とすれば，応力とひずみの関係は次式となる。

$$\sigma = E\varepsilon \tag{2.8}$$

この関係は 1678 年に英国のロバート・フック（Robert Hooke）が発見したもので，**フックの法則**（Hooke's law）と呼ばれている。この式の比例定数 E は，応力と縦ひずみの関係から得られるので，これを**縦弾性係数**（modulus of longitudinal elasticity）または，**ヤング係数**（Young's modulus）という。縦弾性係数のことを単に**弾性係数**ということもある。式 (2.8) より $E = \sigma/\varepsilon$ であり，またひずみ ε は無次元であるので，縦弾性係数の単位は応力 σ と同じく $N/m^2 (= Pa)$ や $N/mm^2 (= MPa)$ などが用いられる。また，縦弾性係数 E と断面積 A の積 EA は部材の伸びにくさを表し，**伸び剛性**（elongation stiffness）という。

せん断応力 τ とせん断ひずみ γ にも線形関係があり，その比例定数を G とすると式 (2.9) となる。

22　2. 構造材料の性質と強さ

$$\tau = G\gamma \tag{2.9}$$

この比例定数 G を**せん断弾性係数**（modulus of shearing elasticity）または，**剛性率**という。せん断弾性係数の単位もせん断応力 τ と同じ $N/m^2(=Pa)$ や $N/mm^2(=MPa)$ などが用いられる。

縦弾性係数やせん断弾性係数は，材料の種類によって決まる定数であり，建設系の主要材料である，軟鋼およびコンクリートの縦弾性係数はそれぞれ，$(200 \sim 210) \times 10^3 \, N/mm^2$，$(20 \sim 40) \times 10^3 \, N/mm^2$ 程度である。なお，コンクリートの縦弾性係数は圧縮試験によるものである。

穴埋め例題 2.5

図 2.10 のように直径 $d = 40\,mm$，長さ $L = 10\,m$ の一様断面の丸棒を $P = 80\,kN$ の力で引張った。この棒の縦弾性係数 $E = 200 \times 10^3 \, N/mm^2$，ポアソン比 $\nu = 0.25$ として，以下のものを計算せよ。

① 応力 σ，② 縦ひずみ ε，③ 伸び量 λ，④ 横ひずみ ε'

解答

$P = 80\,kN = 80 \times 10^3 \, N$，棒の長さ $L = 10\,m = 10 \times 10^3 \, mm$ として

① 応力 $\sigma = \dfrac{P}{A} = \dfrac{80 \times 10^3}{20^2 \pi} = \boxed{} \, N/mm^2$

$\sigma = E\varepsilon$ の関係より

② 縦ひずみ $\varepsilon = \dfrac{\sigma}{E} = \boxed{} = \boxed{} \times 10^{-6}$

③ 伸び量 $\lambda = \varepsilon L = \boxed{} = \boxed{} \, mm$

$\nu = \left|\dfrac{\varepsilon'}{\varepsilon}\right|$ より

④ 横ひずみ $\varepsilon' = -\nu\varepsilon = \boxed{} = \boxed{} \times 10^{-6}$

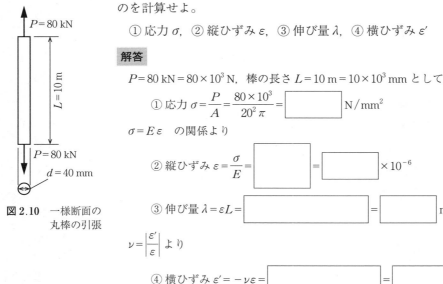

図 2.10　一様断面の丸棒の引張

2.2　各種部材に生じる応力と変形

2.2.1　引 張 部 材

図 2.11（a）のように，長さ l，断面積 A の棒の上端を固定してぶら下げた場合に，棒の重さ（自重）W により，この棒に生じる応力と棒の伸び量 λ を求める。

棒を構成する材料の密度を ρ とすると，棒の自重 W は $W = \rho A l$ となる。図 2.11（b）の

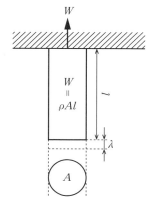
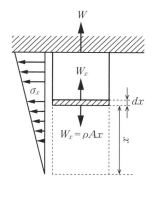

(a) 上端を固定してぶら下げた棒　　(b) 棒断面の応力

図 2.11　引張部材

ように，棒の下端より距離 x の位置の棒断面の応力を考える。x より下側の棒の自重は，$W_x = \rho A x$ であるので，x の位置の自重により生じる応力 σ_x は，次式となる。

$$\sigma_x = \frac{\rho A x}{A} = \rho x \tag{2.10}$$

この式より $x = l$ のとき，すなわち棒の上端において最大応力 σ_{max} は次式となる。

$$\sigma_{max} = \rho l \tag{2.11}$$

つぎに，棒全体の伸び量を考える。図 2.11（b）のように棒の下端から x の位置に微小区間 dx をとり，この区間の伸びを $d\lambda$ とすると

$$d\lambda = \frac{\sigma_x}{E} dx = \frac{\rho x}{E} dx \tag{2.12}$$

棒全体の伸び量 λ は x を $0 \leq x \leq l$ まで変化させたときの合計であるので，式 (2.12) をこの区間で定積分すると，次式となる。

$$\lambda = \int_0^l d\lambda = \int_0^l \frac{\rho x}{E} dx = \frac{\rho l^2}{2E} \tag{2.13}$$

穴埋め例題 2.6

図 2.12 は両端の直径が d_1, d_2 の円錐台である。この両端に引張荷重 $P = 100$ kN が作用するとき，棒に生じる全伸び量 λ を求めよ。ただし，$l = 3$ m，$d_1 = 10$ mm，$d_2 = 25$ mm，縦弾性係数 $E = 2.0 \times 10^5$ N/mm^2 である。

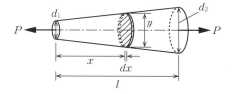

図 2.12　引張荷重の作用する円錐台

24   2. 構造材料の性質と強さ

解答   左端から x の距離にある幅 y, 長さ dx の微小区間を考える。この微小区間に作用する引張応力 σ_x は, 微小区間の断面積を A_x とすると

$$\sigma_x = \boxed{}$$

ここで, $A_x = (y/2)^2 \pi$, $y = d_1 + (d_2-d_1)/l \cdot x$ である。

$\sigma = E\varepsilon$ より $\varepsilon = \sigma/E$, また, $\sigma = P/A$, $\lambda = \varepsilon l$ などの関係から, この微小区間の伸び量 $d\lambda$ は

$$d\lambda = \varepsilon dx = \frac{\sigma_x}{E}dx = \frac{P}{EA_x}dx = \boxed{}\,dx$$

となる。

したがって, この棒の全伸び量 λ は

$$\lambda = \int_0^l d\lambda = \int_0^l \frac{4P}{\pi E\left(d_1 + \dfrac{d_2-d_1}{l}x\right)^2}dx$$

ここで, つぎの積分公式を用いて

$$\int \frac{1}{(a+bx)^2}dx = -\frac{1}{b(a+bx)} + C \quad (C は積分定数)$$

総伸び量

$$\lambda = \boxed{} = 7.64\,\text{mm} \text{ となる。}$$

2.2.2 圧 縮 部 材

図 2.13 のように, 同心に配置された長さが同一で材料が異なる円柱と円筒が載荷板を通して圧縮荷重 P を受けるとき, この組合せ部材の各材料に生じる応力 σ_1, σ_2 と縮み λ_1, λ_2

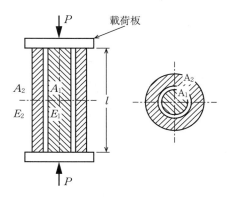

図 2.13   圧縮部材

を求める。

なお，内側の円柱および円筒の断面積を A_1, A_2, また円柱および円筒を構成する材料の縦弾性係数をそれぞれ E_1, E_2 とする。

組合せ部材が外力（荷重）を受けるとき，各部材は共同して荷重に抵抗し，また同一の伸縮をする。図において，円柱と円筒が受ける圧縮力をそれぞれ P_1, P_2 とすれば，力のつり合いより

$$P = P_1 + P_2 \tag{2.14}$$

となる。また，円柱および円筒の縮みを λ_1, λ_2 とすると

$$\lambda_1 = \lambda_2 \tag{2.15}$$

である。また，λ_1 を P_1 を用いて表すと

$$\lambda_1 = \varepsilon_1 l = \frac{\sigma_1}{E_1} l = \frac{P_1}{E_1 A_1} l$$

となり，同様に，λ_2 を P_2 を用いて表すと

$$\lambda_2 = \frac{P_2}{E_2 A_2} l$$

となる。したがって，式 (2.15) より

$$\frac{P_1}{E_1 A_1} = \frac{P_2}{E_2 A_2} \tag{2.16}$$

となり，式 (2.14) と式 (2.16) より P_1, P_2 を求めると

$$P_1 = \frac{E_1 A_1}{E_1 A_1 + E_2 A_2} P, \qquad P_2 = \frac{E_2 A_2}{E_1 A_1 + E_2 A_2} P$$

となる。これより，σ_1, σ_2 は次式となる。

$$\sigma_1 = \frac{P_1}{A_1} = \frac{E_1}{E_1 A_1 + E_2 A_2} P, \qquad \sigma_2 = \frac{P_2}{A_2} = \frac{E_2}{E_1 A_1 + E_2 A_2} P \tag{2.17}$$

また，縮み λ は次式となる。

$$\lambda = \lambda_1 = \lambda_2 = \frac{Pl}{E_1 A_1 + E_2 A_2} \tag{2.18}$$

この問題は，力のつり合いだけでは解答できず，変位が同一である条件（式 (2.24) の条件）を加えて解答できた。このような手法を設計計算に用いる必要がある構造物を**不静定構造物**という。

穴埋め例題 2.7

図 2.14 は点 A, B 両端を固定された柱に, 点 C に固定したリングに左右対称に集中荷重 $P=500$ kN ずつを作用させたものである。両端の反力 R_A, R_B と点 C の変位を求めよ。ただし, 棒の断面積 $A=1\,000$ mm^2, 縦弾性係数 $E=2.0\times10^5$ N/mm^2 とする。

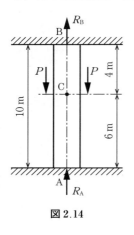

図 2.14

解答

柱に作用する力（鉛直力）のつり合い条件より
$$R_A + R_B = 2P \tag{2.19}$$

AC と BC の長さをそれぞれ l_A, l_B, AC 間と BC 間の変位量をそれぞれ λ_A, λ_B とすると, この柱は連続体であるので
$$\lambda_A = \lambda_B \tag{2.20}$$

ここで, $\lambda = \varepsilon l = \dfrac{\sigma}{E}l = \dfrac{R}{EA}l$ より, $\lambda_A = \boxed{} l_A$,

$\lambda_B = \boxed{} l_B$ となり, 式 (2.20) の関係および, $l_A=6$ m, $l_b=4$ m から

$$6R_A = 4R_B \tag{2.21}$$

となる。よって, 式 (2.19), (2.21) より

$R_A = \boxed{}$ kN, $R_B = \boxed{}$ kN

となる。
また, 点 C の変位量は

$$\lambda_A = \frac{R_A}{EA}l_A$$

に数値を代入して, $\boxed{}$ mm となる。

2.2.3 温度変化を受ける部材

両端になんらの拘束を受けない長さ l の部材が, 部材全体に一様な温度変化 Δt を受けるとき, 部材に生じるひずみ（熱ひずみ ε_t）と長さ変化 λ_t は, 次式となる。ここで, α は線膨張係数であり, 軟鋼で 1.12×10^{-5} [/℃], 硬鋼で 1.07×10^{-5} [/℃], コンクリートで 0.7×10^{-5} [/℃] などである。

$$\varepsilon_t = \alpha\Delta t = \alpha(t_2 - t_1) \tag{2.22}$$
$$\lambda_t = \varepsilon_t l = \alpha\Delta t l \tag{2.23}$$

図 2.15 に示すように棒部材の両端が拘束された状態で, 部材の温度が t_1 から t_2 に上昇する場合を考える。この現象は図 2.16 に示すように, 加熱により $l+\lambda_t$ に伸びた部材をある荷

2.3 組合せ応力とモールの応力円

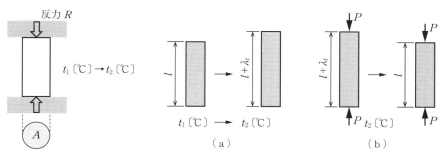

図 2.15 拘束部材　　図 2.16 棒の加熱による荷重状態

重 P で l の長さまで圧縮した場合に等しく，部材内には圧縮応力が生じる。このような応力を**熱応力**（thermal stress）という。

図より，荷重 P によって生じる圧縮ひずみは，次式となる。

$$\varepsilon = \frac{-\lambda_t}{l+\lambda_t} = \frac{-\alpha(t_2-t_1)l}{l+\alpha(t_2-t_1)l} = \frac{-\alpha(t_2-t_1)}{1+\alpha(t_2-t_1)} \fallingdotseq -\alpha(t_2-t_1) \quad (\because 1 \gg \alpha(t_2-t_1)) \quad (2.24)$$

また，熱応力 σ_t は圧縮で，部材の縦弾性係数 E が温度によって変わらないとすれば，その大きさは，次式となる。

$$\sigma_t = E\varepsilon = -E\alpha(t_2-t_1) \tag{2.25}$$

さらに，部材の断面積を A とすると，拘束荷重は次式となる。

$$P = \sigma_t A = -E\alpha(t_2-t_1)A \tag{2.26}$$

穴埋め例題 2.8

図 2.15 において，柱の材料が軟鋼で，直径が 100 mm であり，$t_1=20$ ℃から $t_2=60$ ℃に温度上昇した場合に反力板に生じる反力 R を求めよ。

解答

これまで学んだ知識より，軟鋼の線膨張係数は $\alpha = 1.12 \times 10^{-5}$ 〔/℃〕，縦弾性係数は $E=2.0 \times 10^5$ N/mm^2 として，式 (2.26) を用いて

$$R = E\alpha(t_2-t_1)A = \boxed{} = \boxed{} \text{N} = \boxed{} \text{kN}$$

である。

2.3 組合せ応力とモールの応力円

応力ひずみに関し，これまではそれぞれ単一の応力状態の場合について学んできたが，複数の外力が同時に作用する実際の構造物の内部の応力状態は少し複雑となる。たとえば，5

章で学ぶはりが荷重を受けると曲げ応力（引張応力と圧縮応力）とせん断応力が同時に生じ，応力状態は三つの応力を合成した複雑なものとなる。このように単一の応力が複数合成された応力を**組合せ応力**（combined stress）という。

2.3.1 任意断面に作用する垂直応力とせん断応力

複数の荷重が作用する部材内の微小長方形板に作用する応力状態を**図2.17**に示す。この微小長方形板の各辺に一様に垂直応力（σ_x，σ_y）とせん断応力（τ_{xy}）が同時に作用する場合について，φ だけ傾いた断面 t–t 面上で面に垂直な応力 σ_n と平行なせん断応力 τ を求める。傾いた面の法線方向ならびに接線方向の力のつり合い条件から，次式が得られる。

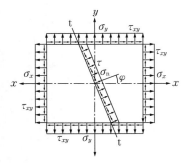

図2.17 任意に傾いた面の応力

$$\left.\begin{aligned}\sigma_n &= \sigma_x \cos^2\varphi + \sigma_y \sin^2\varphi + \tau_{xy} \sin 2\varphi \\ &= \frac{\sigma_x + \sigma_y}{2} + \frac{\sigma_x - \sigma_y}{2}\cos 2\varphi + \tau_{xy}\sin 2\varphi \\ \tau &= \frac{1}{2}\sigma_x \sin 2\varphi - \frac{1}{2}\sigma_y \sin 2\varphi - \tau_{xy}\cos 2\varphi \\ &= \frac{\sigma_x - \sigma_y}{2}\sin 2\varphi - \tau_{xy}\cos 2\varphi\end{aligned}\right\} \quad (2.27)$$

構造物の設計においては，部材に発生する最大応力が重要であるから，式 (2.27) において，σ_n と τ が最大または最小となる条件とその値について考える。ここで，σ_n の最大または最小値を**主応力**（principal stress），そのとき φ の値が成す面を**主応力面**（principal plane of stress）という。同様に τ の最大または最小値とその面を**主せん断応力**，**主せん断応力面**という。

まず，σ_n の極値を求めるために，式 (2.27) の σ_n を φ で微分して 0 とおくと

$$\frac{d\sigma_n}{d\varphi} = -(\sigma_x - \sigma_y)\sin 2\varphi + 2\tau_{xy}\cos 2\varphi = 0$$

となる。これより，主応力となる条件は，次式となる。

$$\tan 2\varphi = \frac{2\tau_{xy}}{\sigma_x - \sigma_y} \tag{2.28}$$

ここで，主応力面のなす角を φ_1 と φ_2 とすると，式 (2.28) より次式となる。

$$\left.\begin{aligned}\varphi_1 &= \frac{1}{2}\tan^{-1}\left(\frac{2\tau_{xy}}{\sigma_x - \sigma_y}\right) \\ \varphi_2 &= \frac{1}{2}\tan^{-1}\left(\frac{2\tau_{xy}}{\sigma_x - \sigma_y}\right) + \frac{\pi}{2}\end{aligned}\right\} \quad (2.29)$$

ここで，三角関数の性質，$\cos^2\theta + \sin^2\theta = 1$ より

$$1+\tan^2\theta=\frac{1}{\cos^2\theta}, \qquad \frac{1}{\tan^2\theta}+1=\frac{1}{\sin^2\theta}$$

となり

$$\therefore \cos\theta=\frac{1}{\sqrt{1+\tan^2\theta}}, \qquad \sin\theta=\frac{\tan\theta}{\sqrt{1+\tan^2\theta}}$$

となる性質を用いると，式 (2.28) より

$$\cos 2\varphi_1=\frac{1}{\sqrt{1+\tan^2 2\varphi_1}}=\frac{1}{\sqrt{1+\left(\frac{2\tau_{xy}}{\sigma_x-\sigma_y}\right)^2}}=\frac{\sigma_x-\sigma_y}{\sqrt{(\sigma_x-\sigma_y)^2+4\tau_{xy}^2}}$$

となり，同様に次式を得る。

$$\sin 2\varphi_1=\frac{2\tau_{xy}}{\sqrt{(\sigma_x-\sigma_y)^2+4\tau_{xy}^2}}$$

また，式 (2.29) より

$$\tan 2\varphi_2=\tan(2\varphi_1-\pi)=-\tan 2\varphi_1=-\frac{2\tau_{xy}}{\sigma_x-\sigma_y}$$

となるから，φ_1 と同様にして次式を得る。

$$\cos 2\varphi_2=-\frac{\sigma_x-\sigma_y}{\sqrt{(\sigma_x-\sigma_y)^2+4\tau_{xy}^2}}, \qquad \sin 2\varphi_2=-\frac{2\tau_{xy}}{\sqrt{(\sigma_x-\sigma_y)^2+4\tau_{xy}^2}}$$

以上，$\cos 2\varphi_1$，$\sin 2\varphi_1$，$\cos 2\varphi_2$，$\sin 2\varphi_2$ を式 (2.27) に代入して，主応力 $\sigma_{\max}$，$\sigma_{\min}$ が得られる。

$$\left.\begin{array}{c}\sigma_{\max}\\ \sigma_{\min}\end{array}\right\}=\frac{\sigma_x+\sigma_y}{2}\pm\frac{1}{2}\sqrt{(\sigma_x-\sigma_y)^2+4\tau_{xy}^2}=\frac{\sigma_x+\sigma_y}{2}\pm\sqrt{\left(\frac{\sigma_x-\sigma_y}{2}\right)^2+\tau_{xy}^2} \qquad (2.30)$$

なお，$\sigma_{\max}$ と $\sigma_{\min}$ が生じる面はたがいに直交し，$\sigma_{\max}$ と $\sigma_{\min}$ の和は，$\sigma_{\max}+\sigma_{\min}=\sigma_x+\sigma_y$ で，一定となる。このことは，たがいに垂直に交わる断面に作用する垂直応力の和は φ の値に無関係に一定であることを示している。

ここで，主応力となる条件，式 (2.28) を式 (2.27) の τ に代入すると，$\tau=0$ となり，主応力面ではせん断応力は生じないことがわかる。

つぎに，式 (2.27) の τ を φ で微分して 0 とおくと，つぎのようになる。

$$\frac{d\tau}{d\varphi}=(\sigma_x-\sigma_y)\cos 2\varphi+2\tau_{xy}\sin 2\varphi=0$$

これより，主せん断応力となる条件は，次式となる。

$$\tan 2\varphi'=-\frac{\sigma_x-\sigma_y}{2\tau_{xy}} \qquad (2.31)$$

この式 (2.31) において，主応力面のなす角 φ と区別するために，主せん断応力面のなす角を φ' とした。ここで，主応力および主せん断応力となる条件の式 (2.28) と式 (2.31) の

積は，$\tan 2\varphi \times \tan 2\varphi' = -1$ となり，$2\varphi \perp 2\varphi'$ である。したがって，主応力面の方向 φ と主せん断応力面の方向 φ' は，45°をなす。

式 (2.31) を式 (2.27) の τ に代入し，σ_n の場合と同様に展開すると，主せん断応力 τ_{max}，τ_{min} は次式となる。

$$\left.\begin{array}{c} \tau_{max} \\ \tau_{min} \end{array}\right\} = \pm \frac{1}{2}\sqrt{(\sigma_x - \sigma_y)^2 + 4\tau_{xy}^2} = \pm\sqrt{\left(\frac{\sigma_x - \sigma_y}{2}\right)^2 + \tau_{xy}^2} \tag{2.32}$$

2.3.2 モールの応力円

これまで求めてきた組合せ応力および主応力と主応力面の式 (2.27) ～ (2.32) は煩雑である。このため，これらの式を幾何学的関係により関連付け，図式的に求める手法がある。この手法で用いられるのがモールの応力円である。

〔1〕 モールの応力円の誘導

式 (2.27) を変形すると次式となる。

$$\left.\begin{array}{l} \sigma_n - \dfrac{\sigma_x + \sigma_y}{2} = \dfrac{\sigma_x - \sigma_y}{2}\cos 2\varphi + \tau_{xy}\sin 2\varphi \\[2mm] \tau = \dfrac{\sigma_x - \sigma_y}{2}\sin 2\varphi - \tau_{xy}\cos 2\varphi \end{array}\right\} \tag{2.33}$$

この両式の左辺と右辺を2乗してそれぞれ加えると

$$\left(\sigma_n - \frac{\sigma_x + \sigma_y}{2}\right)^2 + \tau^2 = \left(\frac{\sigma_x - \sigma_y}{2}\right)^2 (\cos^2 2\varphi + \sin^2 2\varphi) + \tau^2(\sin^2 2\varphi + \cos^2 2\varphi)$$

となり，$\cos^2 2\varphi + \sin^2 2\varphi = 1$ であるから，次式が得られる。

$$\left.\begin{array}{l} \left(\sigma_n - \dfrac{\sigma_x + \sigma_y}{2}\right)^2 + \tau^2 = \left(\dfrac{\sigma_x - \sigma_y}{2}\right)^2 + \tau^2 \\[3mm] \left(\sigma_n - \dfrac{\sigma_x + \sigma_y}{2}\right)^2 + \tau^2 = \left\{\sqrt{\left(\dfrac{\sigma_x - \sigma_y}{2}\right)^2 + \tau^2}\right\}^2 \end{array}\right\} \tag{2.34}$$

ここで，半径 r，中心座標 (a, b) の x-y 軸に関する円の方程式は，$(x-a)^2 + (y-b)^2 = r^2$ である。

これより，式 (2.34) は，σ_n-τ 軸に関して

半径 $\sqrt{\left(\dfrac{\sigma_x - \sigma_y}{2}\right)^2 + \tau^2}$, 　中心座標 $\left(\dfrac{\sigma_x + \sigma_y}{2}, 0\right)$

の円の方程式となる。この円を**モールの応力円**（Mohr's stress circle）という。なお，垂直応力 σ_x，σ_y は引張が正，せん断応力 τ は時計回りの方向を正として扱う。

以下に，モールの応力円の描き方と力学的意味を示す。

〔2〕 モールの応力円の描き方

本来ならば3次元で表現しなければならない応力状態を**図2.18**では2次元平面で表現してある。応力を2次元で考える場合，$\sigma_z = 0$ とする**平面応力**（plane stress）と，ひずみ $\varepsilon_z = 0$ とする**平面ひずみ**（plane strain）とする二つの場合がある。ここで考えるのは平面応力に相当する2次元問題である。

モールの応力円を描く上で最も重要な事項は σ と τ の符号に関する取り決めである。図2.18は，垂直応力 σ とせん断応力 τ の符号を説明するためのものである。

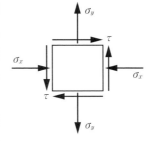

図2.18 応力の符号

左右に作用している σ_x は要素を圧縮しているので（−），σ_x が作用する左右の面にある τ は微小要素を反時計回りに回そうとするので（−）とする。また，上下に作用している σ_y は要素を引張っているので（+）である。σ_y が作用する上下の面にある τ は微小要素を時計回りに回そうとするので（+）である。

図の状態でモールの応力円を描くための座標 (σ, τ) にプロットする点は $(-\sigma_x, -\tau)$，$(+\sigma_y, +\tau)$ である（図2.20の点A，点Bに相当する点）。

例題2.9

図2.19に示す平面応力状態の主応力面と主応力の大きさ σ_{max} および σ_{min} を求めよ。

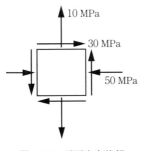

図2.19 平面応力状態

解答

先に定義した符号に従うと，**図2.20**の応力状態に対応する点Aは $(-50, -30)$，点Bは $(+10, +30)$ である。
ここで

モールの応力円の中心座標： $\dfrac{-50+10}{2} = -20$

円の半径： $\sqrt{30^2 + 30^2} = 42.4$

である。図2.20より

$\sigma_{min} = -20 - 42.4 = -62.4 \text{ MPa}$
$\sigma_{max} = -20 + 42.4 = 22.4 \text{ MPa}$
$\varphi = 22.5°$
$\tau_{max} = 42.4 \text{ MPa}$
$\tau_{min} = -42.4 \text{ MPa}$

ここで，図を参照すると，主応力面は，点A（σ_x の位置）から時計回りに $\varphi = 22.5°$ のところに $\sigma_{min} = -62.4 \text{ MPa}$，点B（$\sigma_y$ の位置）から時計回りに $\theta = 22.5°$ のところに $\sigma_{max} = 22.4 \text{ MPa}$ がある。主応力方向を図示すると**図2.21**のように描くことができる。モールの応力円を使うと，ある点の一つの応力状態がわかれば，その点に作用する全方向の応力状態を特定することができる。

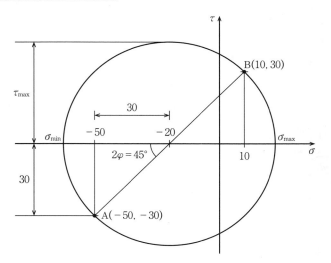

図 2.20 モールの応力円

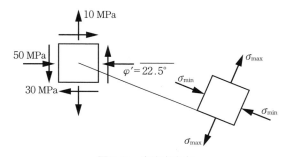

図 2.21 主応力方向

章 末 問 題

【2.1】 問図 2.1 のように直径 d,長さ l の円柱を荷重 P で圧縮したところ,点線のように直径が d_1,長さが l_1 となった。これに関するつぎの文章の( )内に適切な式を P, d, l, l_1 および ν を用いて答えよ。
「この棒に生じている圧縮応力 σ_c は(①),縦ひずみ ε は(②),縦弾性係数 E は(③)となる。ポアソン比を ν とすると横ひずみ ε' は(④)で,直径の増加量 δ は(⑤),圧縮後の直径 d_1 は(⑥)と表せる。また,元の体積に対する変形後の体積の変化量の比である体積ひずみ ε_V は(⑦)である。」

【2.2】 問図 2.2 のように直径 $d=20$ mm,長さ $L=1$ m の一様断面の丸棒を $P=35$ kN の力で引張ったところ,伸び $\lambda=0.53$ mm であった。この棒のポアソン比 $\nu=0.25$ として,以下のものを計算せよ。

① 応力 σ,② 縦ひずみ ε,③ 縦弾性係数 E,④ 横ひずみ ε'

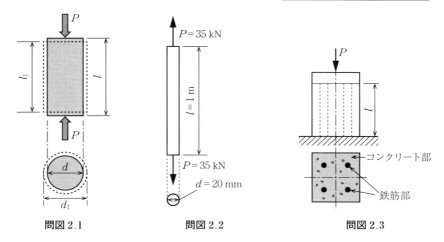

問図 2.1　　　　　問図 2.2　　　　　問図 2.3

【2.3】 問図 2.3 に示すような正方形断面の鉄筋コンクリート柱において，鉄筋部とコンクリート部の断面積はそれぞれ $A_s = 500$ mm^2，$A_c = 10\,000$ mm^2 である。鉄筋とコンクリートの許容圧縮応力度をそれぞれ $\sigma_{as} = 120$ MPa，$\sigma_{ac} = 10$ MPa とするとき，設計上安全な圧縮荷重 P の最大値を答えよ。ただし，鉄筋とコンクリートの縦弾性係数を $E_s = 2.0 \times 10^5$ MPa，$E_c = 2.2 \times 10^4$ MPa とする。（許容応力度とは，部材（材料）に生じることを許容する最大の応力であり，設計においては外力などにより，部材に生じる応力を許容応力度以下となるようにする。）

【2.4】 問図 2.4 に示す様に両端を固定された直径 d の柱が，20℃から 40℃に 20℃温度上昇した。柱材の線膨張係数 $\alpha = 1.2 \times 10^{-5}$〔/℃〕，縦弾性係数 $E = 200 \times 10^3$〔N/mm^2〕であるとき，固定端に生じる反力 R の大きさを 400 kN 以下とするには，柱の直径 d をいくら以下とすべきか答えよ。

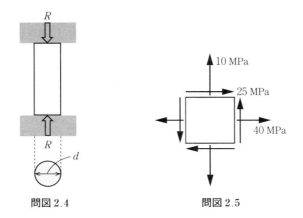

問図 2.4　　　　　問図 2.5

【2.5】 問図 2.5 の応力状態において，垂直応力 $\sigma_x = 40$ MPa，$\sigma_y = 10$ MPa，せん断応力 $= 25$ MPa であるとき，主応力の大きさ σ_{max} と σ_{min}，その方向 φ，および主せん断応力 τ_{max} と τ_{min} を数式およびモールの応力円を用いて求めよ。

3. 構造物の安定・不安定と静定・不静定

土木構造物や建築構造物には，さまざまな外力（荷重）が作用することが想定されるが，それらに対し，構造物を安定的に支えなければならない。本章では，まず，物理学で学習した「自由度」という概念を復習したのち，構造物には安定な構造物と不安定な構造物があり，さらに，安定な構造物は静定構造と不静定構造に分類されることを学習する。

■ 3.1 自由度

物理学で学習した剛体の力学では[1)]，「物体の位置や方位を指定する座標のうち，独立に変化できるものの数」を**運動の自由度**（degree of freedom）という。

空間中で自由に運動する質点の自由度は3である。これは，3次元空間で質点の位置を表すのに (x, y, z) の三つの座標が必要だからである。2次元（平面）では，(x, y) の二つの座標で質点の位置を表現できるので，質点の自由度は2ということになる（**図 3.1**（a））。

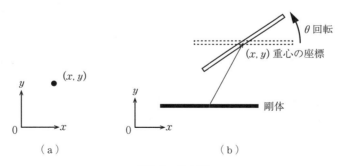

図 3.1　自由度

剛体は質点と違い，大きさ（サイズ）を有するので，その場合は，回転の自由度も加わる。その結果，3次元空間では，自由度は6となり，2次元空間では，自由度は3である。構造力学では，通常，紙面（2次元）で解析することになるので，水平方向，鉛直方向に加え，回転方向（平面内）の三つの自由度を有することになる（図（b））。

3.2 構造物の安定と不安定

3.2.1 構造物を支える方法

土木,建築構造物は,その場にしっかりと踏みとどまり,安定的に荷重を支えなくてはならない。そのためには,構造物が単体で自立することはもちろんのこと,荷重が作用した場合でも(荷重の大きさが許容範囲内であれば),構造物はその場から移動することなく,荷重を支えなくてはならない。

構造物を安定的に支えるためには,構造物の自由度の数だけしっかり拘束する必要がある。はりやトラスなどの構造物を拘束する(支える)おもな方法には,**表 3.1** に示すように固定,ヒンジ(ピン),ローラーの3種類がある。固定支点では,構造物は水平,上下,回転のいずれの方向にも動きが拘束されている。ヒンジ支点では,自由に回転できるものの,上下と水平方向には動きを拘束されている。ローラー支点は,水平方向と回転方向には自由に動くことができ,上下方向の動きのみが拘束されている。

詳しくは,第4章で学習する。

表 3.1 構造物を支える三つの代表的な方法

	支える方法	拘束する方向
固定支点	水平方向,上下方向,回転方向のすべてを拘束	↕ ↔ ↻
ヒンジ(ピン)支点	回転自由,上下と水平方向は拘束	↕ ↔
ローラー支点	回転自由,水平方向も可動,上下のみ拘束	↕

3.2.2 安定な構造物と不安定な構造物

本項では,これから学んでいく代表的な構造物について,安定と不安定の概念を説明していく。

図 3.2 に示す構造物は,左端が固定されたはりで,**片持ちばり**(cantilever beam)という。

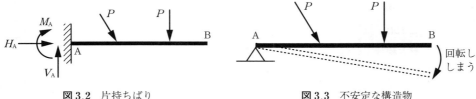

図3.2 片持ちばり　　　　　　図3.3 不安定な構造物

固定支点において，水平方向，鉛直方向，回転の三つの自由度を拘束しているため，この構造物は安定である。三つの自由度を拘束するので，H_A，V_A，M_Aの三つの反力が現れることになる。しかし，もし一つでも自由度の拘束を緩めると不安定になるので，「ギリギリ安定」な構造物ということになる。図3.3は片持ちばりの点Aでの回転の拘束を緩めたもの（固定支点→ヒンジ支点）で，不安定構造物となる。

図3.4に示す構造物は，左端がヒンジ支点，右端がローラー支点で支えられた構造で，**単純ばり**（simple beam）という。左端のヒンジ支点が水平方向と鉛直方向の自由度を拘束しているので，二つの反力が現れている。また，右端のローラー支点は鉛直方向のみ自由度を拘束しているので，鉛直方向の反力が現れている。単純ばりでは，ヒンジ支点とローラー支点で鉛直方向の自由度を拘束するとともに，回転の自由度も拘束している。

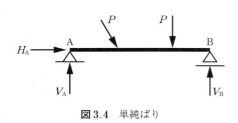

図3.4 単純ばり

穴埋め例題3.1

つぎの文章の空欄を埋めよ。

図3.5に示す構造物は，左端，右端ともローラー支点で支えられた構造である。この構造物は，☐構造である。なぜなら，はりの☐方向の自由度を拘束していないからである。

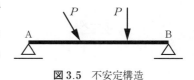

図3.5 不安定構造

3.3 構造物の静定と不静定

図3.2で学習した構造物は，片持ちばりといい，5章で学習する構造である。左端は固定支点でしっかりと拘束されており，そこでは，水平移動，鉛直移動，回転のいずれも生じない。そのため，水平反力，鉛直反力，モーメントが生じる。5章では，これらの反力を求めることになるのだが，それは数学的に可能である。なぜなら，未知数（反力の数）が三つ

であるのに対し，条件式（つり合い条件の式）も $\sum H=0$, $\sum V=0$, $\sum M=0$ の三つがあるからである。これはちょうど，中学で習った連立方程式を解くケースに似ている。次式は，3元の連立1次方程式である。

$$2x+y+z=7$$
$$x-y+5z=14$$
$$3x+5y-z=10$$

未知数が x, y, z なのに対し，条件式が三つあるので，解くことができて，解は，$x=1$, $y=2$, $z=3$ のように求められる。このように，力のつり合い条件のみから解くことができる構造物を**静定構造**（statically determinate structure）といい，安定な構造である。

では，図3.2の片持ちばりの右端をローラー支点として，図3.6のように鉛直変位を拘束した場合はどうであろうか。この場合は，H_A, V_A, M_A, V_B の四つの反力（未知数）が現れる。つり合い条件式が三つしかないのに，未知数が四つもあるので，力のつり合い条件だけからは解けないことになる。このような構造を**不静定構造**

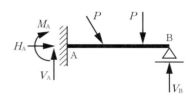

図3.6　不静定ばり

（statically indeterminate structure）といい，そのような場合の対処の方法については，第8章で学習することになる。

要するに，静定構造とは，「ギリギリ安定」の状態で，一つでも拘束度を緩めると，不安定になってしまう構造のことである。一方で，不静定構造とは，静定構造に比べ安定の度合いを高めたもので，その程度（余裕度）に応じ，**不静定次数**（indeterminacy）というものが決まってくる。例えば，図3.6の構造の不静定次数は1である。

例題3.1　ラーメン構造の例

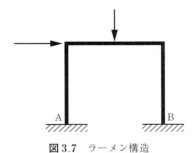

図3.7　ラーメン構造

図3.7は，ラーメン構造と呼ばれるもので，第11章で学習する。この構造物は，点A，点Bが固定されている構造となっている。不静定次数はいくらになるか。

解答

点A，点Bの固定端として支えられていることから，3+3＝6で，六つの反力が現れるので3次不静定構造である。

穴埋め例題 3.2

図 3.8 に示す構造物について説明した以下の空欄を埋めて，この構造物の不静定次数について論ぜよ。

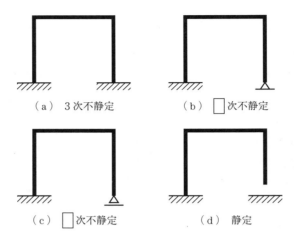

（a） 3次不静定　　（b） ☐次不静定

（c） ☐次不静定　　（d） 静定

図 3.8 不静定構造

解答

図（a）は3次不静定構造であるが，拘束度を一つ緩めると図（b）のようになり，これは ☐☐☐☐ 構造である。さらに一つ緩めると図（c）のようになり，☐☐☐☐ 構造となる。さらに一つ緩めると，図（d）のようになり，これは ☐☐ 構造である。拘束度を三つ緩めて静定構造になったので，元の構造は，☐☐☐ 構造である。なお，これ以上，拘束度を緩めると不安定構造になってしまう。

4. 静定トラス

三角形を組み合わせた構造であるトラスは強度および安定性が高いため，実際の橋や建築などの構造物に広く用いられている．本章では，トラスの仕組み・構造および計算の方法を説明する．トラスの解法に必要な数学である三角比についても復習する．

4.1 静定トラスの概要

三角形を複数個組み合わせた構造を**トラス**（truss）という．基本形は，三つの棒を**図4.1**のように，三つの頂点でつないだ三角形である．ここで，頂点を**節点**（node），棒を**部材**（member），部材に作用する力を**部材力**（member force）という．トラスでは部材どうしは**図4.2**に示すように**ヒンジ結合**（hinge connection）（**ピン結合**（pin connection）ともいう）と呼ばれる自由に回転できる機構で結合されている．そのため，部材にモーメントは発生せず，引張力あるいは圧縮力しか発生しない．**図4.3**と**図4.4**に示すように，引張力とは部材が伸びる方向に作用する力で，圧縮力とは部材が縮む方向に作用する力である．

図4.5に示すように，トラスの基本となる三角形の節点に矢印のような外力を作用させても，その形は大きくは変わらず，安定している．一方，**図4.6**に示すように，四つの棒を組

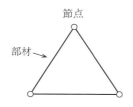

図4.1 トラスの基本形（基本の三角形）

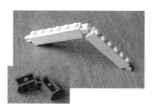 

図4.2 部材どうしの結合：ヒンジ（ピン）結合

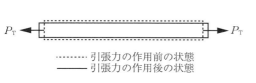

図4.3 引張力とは

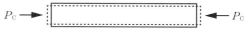

図4.4 圧縮力とは

4. 静定トラス

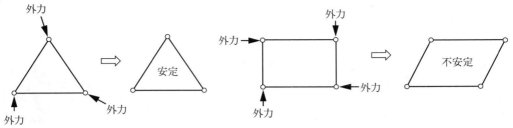

図 4.5　三角形に外力が作用した場合　　　図 4.6　四角形に外力が作用した場合

み合わせた四角形に外力を作用させると，容易に変形し，不安定である。これが三角形で構成されるトラスが安定で，大きな外力に耐えられる秘訣である。

─ 三角比の復習 ─

高校までに習った三角比の基礎を復習しよう。**図1**の直角三角形の3辺の長さを a, b, c とするとき

$$\sin\theta = \frac{c}{a}, \qquad \cos\theta = \frac{b}{a}, \qquad \tan\theta = \frac{c}{b}$$

と定義される。これを変形すると

$$c = a\sin\theta, \qquad b = a\cos\theta, \qquad c = b\tan\theta$$

が得られる。

なお，**図2**(a)のような場合は，以下となる。

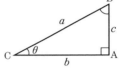

図1　直角三角形

$$\sin 30° = \frac{1}{2}, \qquad \cos 30° = \frac{\sqrt{3}}{2}, \qquad \tan 30° = \frac{1}{\sqrt{3}} = \frac{\sqrt{3}}{3}$$

$$\sin 60° = \frac{\sqrt{3}}{2}, \qquad \cos 60° = \frac{1}{2}, \qquad \tan 60° = \sqrt{3}$$

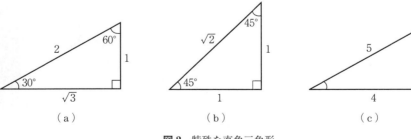

図2　特殊な直角三角形

図(b)のような三角形の場合は，以下となる。

$$\sin 45° = \frac{1}{\sqrt{2}} = \frac{\sqrt{2}}{2}, \qquad \cos 45° = \frac{1}{\sqrt{2}} = \frac{\sqrt{2}}{2}, \qquad \tan 45° = 1$$

また，図(c)の三角形のように三つの辺の長さが 3：4：5 になっている場合は直角三角形となる。

例題 4.1

図 4.7 に示す直角三角形のトラスを想定し，部材 1，2，3 に作用する部材力を求めよ。

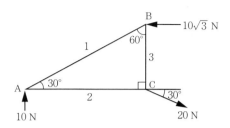

図 4.7 直角三角形のトラス（例題 4.1）

解答

節点 A，B，C に外力 10 N，$10\sqrt{3}$ N，20 N が作用するとき，部材 1，2，3 の部材力を S_1，S_2，S_3 とする。図 4.8（a）に示すように点 A には，外力 10 N と S_1，S_2 が作用しており，それらが水平方向と鉛直方向につり合っている。S_1 は斜め方向に作用しているため，これを図（b）に示すように，水平方向（$S_1 \cos 30°$）と鉛直方向（$S_1 \sin 30°$）に分解する。

したがって

(水平方向のつり合い)　$S_1 \cos 30° + S_2 = 0$

(鉛直方向のつり合い)　$S_1 \sin 30° + 10 = 0$

となる。三角比の部分を具体的な数値で表すと

$$\frac{\sqrt{3}}{2} S_1 + S_2 = 0, \qquad \frac{1}{2} S_1 + 10 = 0$$

となり，この連立方程式を解くと部材力 S_1，S_2 がつぎのように求められる。

$$S_1 = -20 \text{ N}, \qquad S_2 = 10\sqrt{3} \text{ N}$$

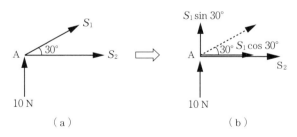

図 4.8 点 A における力のつり合い

なお，図 4.8 では部材力は引張力と仮定しているため，負となった部材力 S_1 は圧縮力，正の部材力 S_2 は引張力である。点 B においても同様に，図 4.9 に示す力のつり合いを考えると

(水平方向のつり合い)　$S_1 \sin 60° + 10\sqrt{3} = 0$

(鉛直方向のつり合い)　$S_1 \cos 60° + S_3 = 0$

となる。三角比の部分を具体的な数値で表すと

$$\frac{\sqrt{3}}{2} S_1 + 10\sqrt{3} = 0, \qquad \frac{1}{2} S_1 + S_3 = 0$$

42   4. 静定トラス

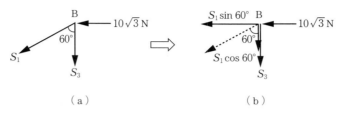

図 4.9　点 B における力のつり合い

となり，この連立方程式を解くと部材力 S_1, S_3 がつぎのように求められる。

$$S_1 = -20\,\mathrm{N}, \quad S_3 = 10\,\mathrm{N}$$

当然ではあるが，二つの節点における力のつり合い式から得られる S_1 は同一である。

穴埋め例題 4.1

例題 4.1（図 4.7）の点 C において部材力と外力がつり合っていることを確かめよ。

解答

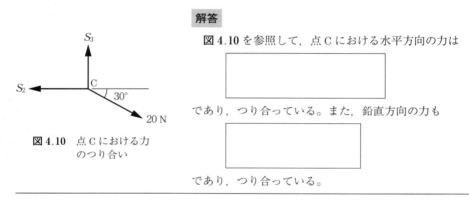

図 4.10 を参照して，点 C における水平方向の力は

であり，つり合っている。また，鉛直方向の力も

であり，つり合っている。

図 4.10　点 C における力のつり合い

前述したように三角形を複数個組み合わせた構造をトラスという。図 4.11 に典型的なトラスの例を示す。このトラスは三つの三角形が七つの部材で構成されており，二つの外力が作用している。トラス全体は端部で橋脚などによって支えられており，この点を**支点**（support）という。トラスは橋，タワー，クレーンなど多くの構造物に用いられている。

「トラスの計算をする」ということは，部材力および支える力（**支点反力**（reaction）という）を求めるということである。トラスの計算をする場合，以下の事項を仮定する。

仮定 1　各部材の両端は節点になっており，ここでほかの部材と結ばれている。

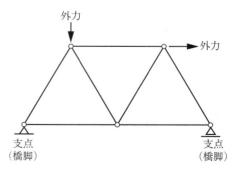

図 4.11　典型的なトラスの例

|仮定2| 節点はヒンジ（ピン）になっており，回転は自由である。
|仮定3| 外力は節点に作用している。

このような仮定の結果，トラス部材の部材力は軸方向には変化せず一定であることになる。また，断面内での応力はすべての点で等しい。

4.2 支点反力

図 4.12 のようなトラスを考えよう。節点 D と節点 E に外力が作用している。これらの外力は部材に伝達され，支点 A と支点 B で支えられる。支点は水平，鉛直，回転の 3 方向に可動もしくは固定される。

支点 B は**ローラー支点**（roller support）であり，鉛直方向のみ固定され，水平および回転方向には可動である。**図 4.13**（a），（b）にローラー支点の模式図と記号を示す。なお，図（b）に示した三つの記号はどれもローラー支点の記号として用いられる。図（c）に，実際の橋に用いられている例を示す。

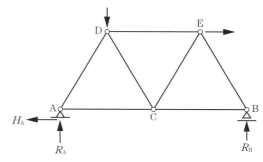

図 4.12 支点反力

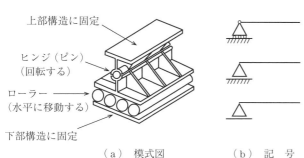

（a） 模式図　　　（b） 記号　　　（c） 実例（(株)川金コアテック提供）

図 4.13 ローラー支点

支点 A は**ヒンジ支点**（hinged support）（または**ピン支点**（pin support））であり，鉛直および水平方向が固定され，回転方向のみ可動である。**図 4.14**（a），（b）にヒンジ（ピン）支点の模式図と記号を，図（c）に実際の橋に用いられている例を示す。固定される方向には支点反力が生じる。

図 4.12 においては，支点 B では鉛直方向の支点反力 R_B が生じ，支点 A では鉛直方向の支点反力 R_A と水平方向の支点反力 H_A が生じる。これら三つの反力が力のつり合い式のみで

44　4. 静定トラス

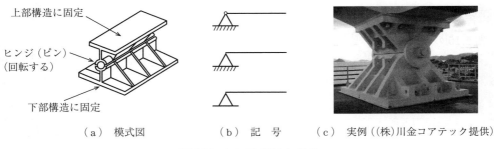

（a）模式図　　　（b）記号　　　（c）実例（(株)川金コアテック提供）

図 4.14 ヒンジ（ピン）支点

求められる場合，そのトラスを**静定トラス**（statically determinate truss）という。力のつり合いのみでは求められない場合は**不静定トラス**（statically indeterminate truss）といい，第9章で学習する。

例題 4.2

図 4.15 のトラスの支点反力を求めよ。

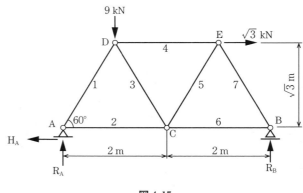

図 4.15

解答

R_A を求めるには，点Bまわりのモーメントのつり合い式を用いる。すなわち

$$R_A \times 4 - 9 \times 3 + \sqrt{3} \times \sqrt{3} = 0 \quad \therefore R_A = 6 \text{ kN}$$

R_B を求めるには，鉛直方向の力のつり合い式を用いればよい。

$$9 - R_A - R_B = 0 \quad \therefore R_B = 3 \text{ kN}$$

H_A を求めるためには，水平方向の力のつり合い式を用いる。

$$\sqrt{3} - H_A = 0 \quad \therefore H_A = \sqrt{3} \text{ kN}$$

穴埋め例題 4.2

図 4.16 のトラスの支点反力を求めよ。

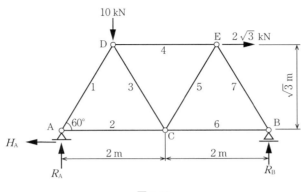

図 4.16

解答

R_A を求めるには，点 B まわりのモーメントのつり合い式を用いる。すなわち

$$\boxed{} \quad \therefore R_A = \boxed{}$$

R_B を求めるには，鉛直方向の力のつり合い式を用いればよい。

$$\boxed{} \quad \therefore R_B = \boxed{}$$

H_A を求めるためには，水平方向の力のつり合い式を用いる。

$$\boxed{} \quad \therefore H_A = \boxed{}$$

4.3 トラスの解法

ここでは，部材力を求める二つの方法を解説する。一つは節点での力のつり合いを考える節点法で，もう一つはある断面でトラスを切断する断面法である。図 4.15 のトラス（例題 4.2）を用いて二つの解法を示す。

4.3.1 節点法

節点法では，節点ごとに力のつり合い式を用いて順番に部材力を求める。節点法の具体的な手順をつぎの例題で説明していく。

例題 4.3

図 4.15 のトラスの部材力を節点法で求めよ。

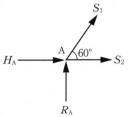

図 4.17 支点 A での力のつり合い

解答

まず，支点 A に作用する力を描く（**図 4.17**）。支点 A には支点反力（R_A, H_A）と二つの部材力（S_1, S_2）が作用している。この際，部材力は引張力と仮定して描く。そして，この点における水平方向および鉛直方向の力のつり合いを考える。

（水平方向） $\dfrac{1}{2}S_1 + S_2 - H_A = 0$

（鉛直方向） $\dfrac{\sqrt{3}}{2}S_1 + R_A = 0$

支点反力は例題 4.2 で $H_A = \sqrt{3}$ kN, $R_A = 6$ kN と求められている。この連立方程式を解けば

$$S_1 = -4\sqrt{3} \text{ kN}, \qquad S_2 = 3\sqrt{3} \text{ kN}$$

が得られる。

つぎに，点 D に作用する力を描く（**図 4.18**）。ここで，S_1 はすでに求められているため，未知数は S_3, S_4 の二つであり，水平方向および鉛直方向の二つのつり合い式から求められる。

（水平方向） $\dfrac{1}{2}S_1 - \dfrac{1}{2}S_3 - S_4 = 0$

（鉛直方向） $9 + \dfrac{\sqrt{3}}{2}S_1 + \dfrac{\sqrt{3}}{2}S_3 = 0$

$\therefore S_3 = -2\sqrt{3}$ kN, $\qquad S_4 = -\sqrt{3}$ kN

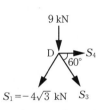

図 4.18 点 D での力のつり合い

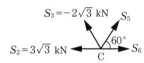

図 4.19 点 C での力のつり合い

つぎに，点 C に作用する力を描く（**図 4.19**）。ここで，S_2, S_3 はすでに求められているため，未知数は S_5, S_6 の二つであり，水平方向および鉛直方向の二つのつり合い式から求められる。

（水平方向） $S_2 + \dfrac{1}{2}S_3 - \dfrac{1}{2}S_5 - S_6 = 0$

（鉛直方向） $\dfrac{\sqrt{3}}{2}S_3 + \dfrac{\sqrt{3}}{2}S_5 = 0$

$\therefore S_5 = 2\sqrt{3}$ kN $\qquad S_6 = \sqrt{3}$ kN

つぎに，点 E に作用する力を描く（**図 4.20**）。ここで，S_4 と S_5 はすでに求められているため，未知数は，S_7 であり，水平方向および鉛直方向の二つのつり合い式から求められる。

（水平方向） $S_4 + \dfrac{1}{2}S_5 - \dfrac{1}{2}S_7 - \sqrt{3} = 0$

（鉛直方向） $\dfrac{\sqrt{3}}{2}S_5 + \dfrac{\sqrt{3}}{2}S_7 = 0$

$\therefore S_7 = -2\sqrt{3}$ kN

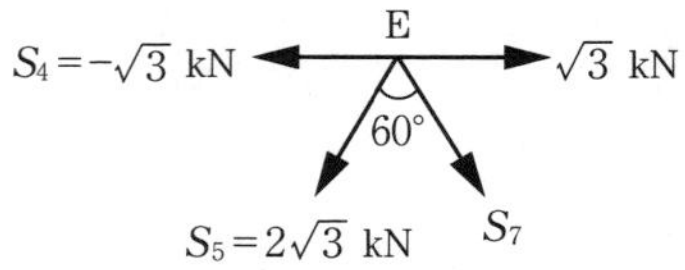

図 4.20 点 E での力のつり合い

以上のように，節点法では端部から始め，隣接する節点の順に部材力は求められる。

穴埋め例題 4.3

図 4.21 のトラスにおいて部材 2, 3, 4 の部材力 S_2, S_3, S_4 を節点法によって求めよ。

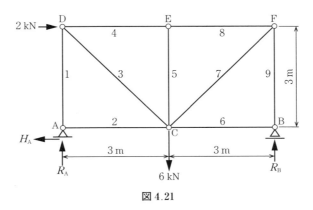

図 4.21

解答

まず、三つの反力を求める。R_A を求めるには、支点 B まわりのモーメントのつり合い式を用いる。すなわち

　　　　　　　　　　　　　　∴ $R_A =$ 　　　　

R_B を求めるには、鉛直方向の力のつり合い式を用いればよい。

　　　　　　　　　　　　　　∴ $R_B =$ 　　　　

H_A を求めるためには、水平方向の力のつり合い式を用いる。

　　　　　　　　　　　　　　∴ $H_A =$ 　　　　

節点法で部材力を求める。支点 A に作用する力を描く（**図 4.22**）。支点 A には二つの反力（H_A, R_A）と二つの部材力（S_1, S_2）が作用している。この際、部材力は引張力と仮定して描く。この点における水平方向および鉛直方向の力のつり合いを考える。

　（水平方向）　　　　　　

　（鉛直方向）　　　　　　

これより

　$S_1 =$ 　　　　　$S_2 =$ 　　　　

図 4.22　点 A での力のつり合い

が得られる。

つぎに、点 D に作用する力を描く（**図 4.23**）。未知数は S_3, S_4 の二つであり、水平方向および鉛直方向の二つのつり合い式から求められる。

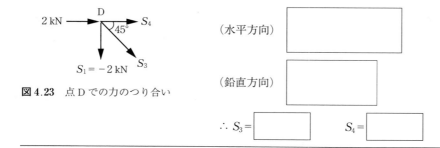

図 4.23 点 D での力のつり合い

(水平方向)

(鉛直方向)

∴ $S_3 =$ □ $S_4 =$ □

4.3.2 断　面　法

図 4.15 のトラスにおいて S_4, S_5, S_6 を求める場合，節点法ではまず S_1, S_2, S_3 を求める必要がある（例題 4.3）。したがって，三角形の数が多いトラスにおいて，特定の部材力を求めるには節点法は効率的でない。一方，**断面法**を用いれば直接特定の部材力が求められる。断面法の具体的な手順をつぎの例題で説明していく。

例題 4.4

図 4.24（a）に示すトラスの部材 4，5，6 の部材力を断面法で求めよ。

解答

図 (a) において部材 4，5，6 の部材を含む断面でトラス全体を切断する。切断した左半分を取り出し，それに作用する外力と反力と部材力を描く（図 (b)）。このトラスは例題 4.2 の図 4.15 と同じものであり，支点反力は例題 4.2 で $H_A = \sqrt{3}$ kN，$R_A = 6$ kN と求められている。S_4 を求めるためには，S_5 と S_6 が交わる点 C まわりのモーメントのつり合いを用いる。

$$6 \times 2 - 9 \times 1 + S_4 \times \sqrt{3} = 0 \quad \therefore S_4 = -\sqrt{3} \text{ kN}$$

S_6 を求めるためには，S_4 と S_5 が交わる点 E まわりのモーメントのつり合いを用いる。

$$6 \times 3 + \sqrt{3} \times \sqrt{3} - 9 \times 2 - S_6 \times \sqrt{3} = 0 \quad \therefore S_6 = \sqrt{3} \text{ kN}$$

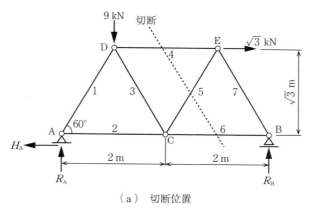

（a）切断位置

図 4.24 断　面　法

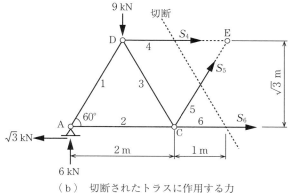

（b） 切断されたトラスに作用する力

図 4.24 （つづき）

S_5 を求めるためには，鉛直方向の力のつり合いを用いる。

$$6 - 9 + \frac{\sqrt{3}}{2}S_5 = 0 \quad \therefore S_5 = 2\sqrt{3} \text{ kN}$$

これらの部材力は節点法で求めた値（例題 4.3）と一致している。

穴埋め例題 4.4

図 4.21 のトラス（穴埋め例題 4.3）において部材 2, 3, 4 の部材力 S_2, S_3, S_4 を断面法によって求めよ。

解答

図 4.25（a）に示すように S_2, S_3, S_4 を含む断面でトラス全体を切断する。切断した左半分を取り出し，それに作用する外力と反力と部材力を描く（図（b））。支点反力は穴埋め例題 4.3 より，$H_A = 2$ kN，$R_A = 2$ kN である。S_2 を求めるためには，S_3 と S_4 が交わる点 D まわりのモーメントのつ

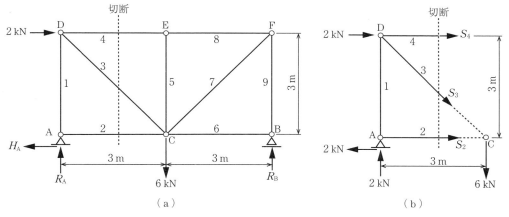

図 4.25　断面法による解法

50　4. 静定トラス

り合いを用いる。

$$\boxed{} \qquad \therefore S_2 = \boxed{}$$

S_4 を求めるためには，S_2 と S_3 が交わる点 C まわりのモーメントのつり合いを用いる。

$$\boxed{} \qquad \therefore S_4 = \boxed{}$$

S_3 を求めるためには，鉛直方向の力のつり合いを用いる。

$$\boxed{} \qquad \therefore S_3 = \boxed{}$$

これらの部材力は節点法で求めた値（穴埋め例題 4.3）と一致している。

穴埋め例題 4.5

図 4.26 に示すトラスの部材 6, 7, 8 の部材力 S_6, S_7, S_8 を節点法で求めよ。

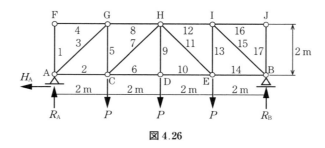

図 4.26

解答

まず，三つの反力を求める。R_A を求めるには，点 B まわりのモーメントのつり合い式を用いる。すなわち

$$\boxed{} \qquad \therefore R_A = \boxed{}$$

R_B を求めるには，鉛直方向の力のつり合い式を用いればよい。

$$3P - R_A - R_B = 0 \qquad \therefore R_B = \frac{3}{2}P$$

H_A を求めるためには，水平方向の力のつり合い式を用いる。

$$H_A = 0$$

図 4.27　点 F での力のつり合い

点 F に作用する力を描く（**図 4.27**）。点 F に二つの部材力（S_1, S_4）が作用している。この際，部材力は引張力と仮定して描く。この点における水平方向および鉛直方向の力のつり合いを考えると

（水平方向）　$S_4 = 0$
（鉛直方向）　$S_1 = 0$

が得られる。

つぎに，点 A に作用する力を描く（**図 4.28**）。未知数は S_2, S_3 の二つであり，水平方向および鉛直方向の二つのつり合い式から求められる。

（水平方向）

（鉛直方向）

∴ $S_2 =$　　　　　$S_3 =$

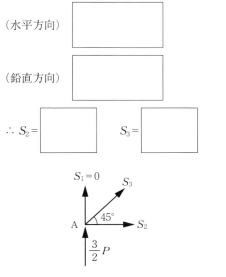

図 4.28 点 A での力のつり合い

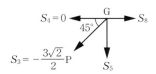

図 4.29 点 G での力のつり合い

つぎに，点 G に作用する力を描く（**図 4.29**）。未知数は S_5, S_8 の二つであり，水平方向および鉛直方向の二つのつり合い式から求められる。

（水平方向）

（鉛直方向）

∴ $S_5 =$　　　　　$S_8 =$

つぎに，点 C に作用する力を描く（**図 4.30**）。未知数は S_6, S_7 の二つであり，水平方向および鉛直方向の二つのつり合い式から求められる。

（水平方向）

（鉛直方向）

∴ $S_6 =$　　　　　$S_7 =$

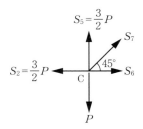

図 4.30 点 C での力のつり合い

穴埋め例題 4.6

図 4.26 に示すトラスの部材 6, 7, 8 の部材力 S_6, S_7, S_8 を断面法で求めよ。

解答

図 4.31（a）に示すように S_6, S_7, S_8 を含む断面でトラス全体を切断する。切断した左半分を取り出し，それに作用する外力と反力と部材力を描く（図（b））。穴埋め例題 4.5 より $R_A = 3P/2$，$H_A = 0$ である。S_6 を求めるためには，S_7 と S_8 が交わる点 H まわりのモーメントのつり合いを用いる。

　∴ $S_6 =$

S_8 を求めるためには，S_6 と S_7 が交わる点 C まわりのモーメントのつり合いを用いる。

　　　　　　　　　　　∴ $S_8 =$

S_7 を求めるためには，鉛直方向の力のつり合いを用いる。

　　　　　　　　　　　∴ $S_7 =$

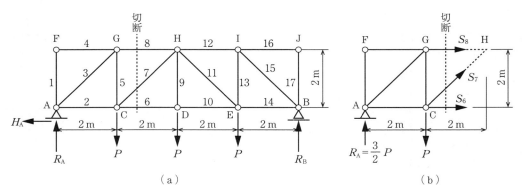

図 4.31 断面法による解法

これらの部材力は節点法で求めた値と一致している。

このように，三角形の数が多いトラスにおいて，特定の部材力を求める際には節点法は効率的ではなく，断面法を用いれば直接特定の部材力が求めることができる。

章 末 問 題

【4.1】 問図 4.1 に示すトラスの部材 1, 2 の部材力 S_1, S_2 を節点法で求めよ。

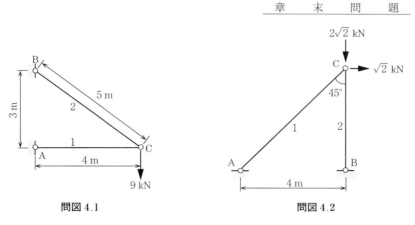

問図 4.1   問図 4.2

【4.2】 問図 4.2 に示すトラスの部材 1, 2 の部材力 S_1, S_2 を節点法で求めよ。

【4.3】 問図 4.3 に示すトラスの部材 4, 5, 6 の部材力 S_4, S_5, S_6 を節点法および断面法で求めよ。

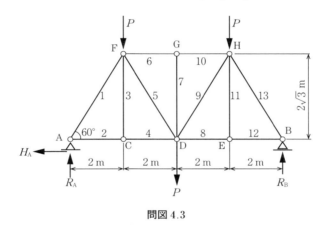

問図 4.3

【4.4】 問図 4.4 に示すトラスの部材 4, 5, 6 の部材力 S_4, S_5, S_6 を節点法および断面法で求めよ。

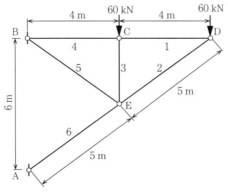

問図 4.4

5. 静定ばり

はりの断面に生じるせん断応力，曲げ応力，ねじり応力を計算するために，断面1次モーメント，断面2次モーメント，断面2次極モーメントなどがある。また，はりの曲げに対して最大強度を得る軸を見つけるための最大断面2次モーメント，長柱の曲がりやすい軸を見つけるための最小断面2次モーメントのためなどに，断面2次相乗モーメントがある。さらに，最大曲げ応力の計算のための断面係数や長柱の座屈応力計算には断面2次半径などが必要とされる。これらの断面諸量はあらかじめ計算しておくと，はりに生じる各種応力の算定に便利である。

本章では，断面諸量の計算法に続いて，はりに作用する荷重（q），せん断力（Q）およびモーメント（M）の関係を復習する。また単純ばり，片持ちばり，張出しばり，ゲルバーばりなどの静定ばりについて反力を求め，はりのせん断力図（Q図）と曲げモーメント図（M図）を描いてみる。さらにM図を利用して弾性荷重を求め，この荷重による反力や曲げモーメントを求めることで，はりのたわみ角やたわみの値を算出できることを学ぶ。

最後に最大曲げモーメント（M_{max}）から曲げ応力を求め，与えられた許容応力度に対する簡単な静定ばりの設計を試みる。

■ 5.1 断面諸量

5.1.1 断面1次モーメント

断面1次モーメント（first moment of area）Gは**図5.1**に示すように微小面積dAに基準線からの距離yを乗じてA全体で積分したもの，または図形が単純なものであれば図心までの距離$\bar{y}$に断面積Aを乗じたものであり，次式のように書くことができる。

$$G = \int_A y dA = \bar{y}A \tag{5.1}$$

ここで，$\bar{y}$は基準軸から図心までの距離，Aは全面積である。

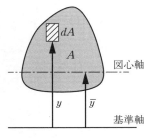

図5.1 断面1次モーメント

例題 5.1

図 5.2 に示す三角形の x 軸からの図心の位置 $\bar{y}$ を求めよ。

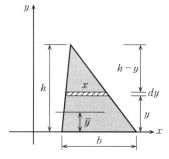

図 5.2 三角形の図心

解答

b を底辺,h を高さとする三角形は,x を底辺,$h-y$ を高さとする三角形と相似であるから,式 (5.2) に示すような関係が得られる。

$$\frac{h}{b} = \frac{h-y}{x} \tag{5.2}$$

三角形の底辺(x 軸)からの断面 1 次モーメント G は式 (5.2) を利用すると,式 (5.3) のように求めることができる。

$$G = \int_0^h y\,dA = \int_0^h yx\,dy = \int_0^h y(h-y)\frac{b}{h}dA = \frac{bh^2}{6} \tag{5.3}$$

三角形の面積を A とすると,断面 1 次モーメントは次式のようにも書ける。

$$A\bar{y} = G \tag{5.4}$$

式 (5.4) と $A = bh/2$ を考慮すると,図心は次式のように求まる。

$$\bar{y} = \frac{b}{3} \tag{5.5}$$

穴埋め例題 5.1

図 5.3 に示す上底 a,下底 b,高さ h の台形の図心の位置 $\bar{y}$ を求めよ。

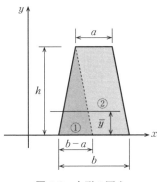

図 5.3 台形の図心

解答

台形の図心の位置を求めるために,図のように図形の領域を三角形部分の ① と平行四辺形部分の ② に分割する。

領域 ① の断面 1 次モーメントは例題 5.1 を参考にして

$$G_① = \frac{(b-a)h^2}{6}$$

となる。同様に,領域 ② の断面 1 次モーメントは

$$G_② = \frac{ah^2}{2}$$

となる。ここで,$A\bar{y} = G_① + G_②$ より,$\dfrac{(a+b)h}{2}\bar{y} = G_① + G_②$ となり

$$\bar{y} = \frac{(2a+b)h}{3(a+b)}$$

5.1.2 断面2次モーメントと断面係数

断面2次モーメント(moment of inertia/second moment of area)Iは,断面内での応力の分布が直線的に変化する場合に,あらかじめ計算しておくと,便利なモーメントである。

図5.1を参考にした断面1次モーメントGはydAを面積全体で積分したものであった。Iは基準線からの距離yの2乗に微小面積dAを乗じてA全体で積分したもので,次式のように書くことができる。

$$I = \int_A y^2 dA \tag{5.6}$$

ここで,**中立軸**(NA:neutral axis)(図心軸と同じ意味)からdの距離にある基準線で計算されたIは,必要に応じて中立軸に移動することができ,次式のように計算することができる[1]。

$$I = \int_A y^2 dA + d^2 \int_A dA = I_{NA} + d^2 A \tag{5.7}$$

ここで,I_{NA}は中立軸に関する断面2次モーメント,dは中立軸に対して平行に移動する距離である。この式からわかるようにIとI_{NA}が一致するとき($d=0$のとき),Iは最小の値を持つことに注意しよう。

断面係数(section modulus)は,はりが曲げられたときのはり断面の最上部と最下部の応力を求めるために用意する係数である。**図**5.4は曲げモーメントMを受けるはりの断面を示した図である[1]。

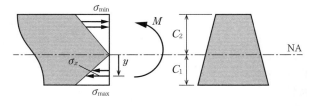

(a) 曲げモーメント応力 　　(b) はり断面と中立軸

図5.4 曲げを受けるはり

図(a)はMによる断面に生じる応力を示した図である。はりがモーメントMを受けたとき,中立軸NAからyの位置における曲げ応力σ_xは次式のように計算することができる。

$$\sigma_x = \frac{M}{I_{NA}} y \tag{5.8}$$

いま,はり断面について,図(b)に示すように,NAから断面底部までの距離をC_1,NAから断面最上部までの距離をC_2とする。ここで,式(5.5)を使ってσ_{max}とσ_{min}を計算すると,次式のようになる。

$$\sigma_{\max} = \frac{M}{I_{\mathrm{NA}}} C_1, \qquad \sigma_{\min} = \frac{M}{I_{\mathrm{NA}}} C_2 \tag{5.9}$$

式 (5.8) の $\sigma_{\max}$ は曲げによる引張応力の最大値，$\sigma_{\min}$ は圧縮側の最大値を表す．ここでは引張を＋，圧縮を－と定義しているので，式 (5.8) の max と min はそれぞれ＋側の最大値，－側の最大値である．

ここで，断面係数 Z_1 および Z_2 を用いて式 (5.9) を書き換える．

$$\sigma_{\max} = \frac{M}{Z_1} \quad \left(Z_1 = \frac{I_{\mathrm{NA}}}{C_1}\right), \qquad \sigma_{\min} = \frac{M}{Z_2} \quad \left(Z_2 = \frac{I_{\mathrm{NA}}}{C_2}\right) \tag{5.10}$$

一般に，標準的な H 型鋼材などは断面 2 次モーメントなどとともに断面係数 Z_1 および Z_2 も表に示されてあり，設計にすぐに役立つようになっている．

例題 5.2

図 5.5 に示す矩形断面の軸 O に関する断面 2 次モーメント I_{O} を求め，軸の移動により I_{NA} を求めよ．また，$C_1 = C_2 = C$ として，断面係数 $Z_1 = Z_2 = Z$ を求めよ．

注意： I_{NA} は次式のようにしても求めることができる．
$$I_{\mathrm{NA}} = \int_{-h/2}^{+h/2} y^2 dA = \int_{-h/2}^{+h/2} y^2 b dy = \frac{bh^3}{12}$$

解答

軸 O に関する I_{O} は，式 (5.6) より次式のようになる．
$$I_{\mathrm{O}} = \int_0^h y^2 dA = \int_0^h y^2 b dy = \frac{bh^3}{3}$$

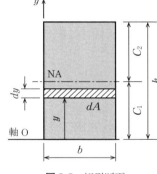

図 5.5　矩形断面

つぎに，この I_{O} を軸 O から中立軸 NA へ移動する．式 (5.7) は NA からの移動の式であり，これを次式のように書き換える．

$$I_{\mathrm{NA}} = I_{\mathrm{O}} - d^2 A \tag{5.11}$$

NA は $y = h/2$ の位置にあり，面積 A は bh なので，式 (5.11) より，I_{NA} は次式のようになる．

$$I_{\mathrm{NA}} = I_{\mathrm{O}} - \left(\frac{h}{2}\right)^2 bh = \frac{bh^3}{12} \tag{5.12}$$

断面係数 Z は，式 (5.10) の中で示されている式を使うと次式のようになる．

$$Z = \frac{I_{\mathrm{NA}}}{C} = \frac{bh^3/12}{h/2} = \frac{bh^2}{6} \tag{5.13}$$

穴埋め例題 5.2

図 5.6 に示す断面の図心の位置 $\bar{y}$ を求め，$\bar{y}$（中立軸 NA）に関する I_{NA} を求めよ．また，この T 型断面の断面係数 Z_1 と Z_2 を求めよ．

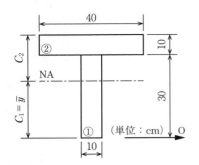

図 5.6 図心と断面 2 次モーメント

解答
（図心 $\bar{y}$ の計算）

$G_① = $

$G_② = $

$G_O = G_① + G_② = 18\,500 \text{ cm}^3$

ここで，$A\bar{y} = G_O$ より

$\bar{y} = $

（断面 2 次モーメントの計算）

断面 ①，② の断面 2 次モーメント $I_①$，$I_②$ から $\bar{y}$（中立軸 NA）に関する I_{NA} を求める。

$$I_① = \frac{10 \times 30^3}{12} + \boxed{} = 62\,175 \text{ cm}^3$$

$$I_② = \frac{40 \times 10^3}{12} + \boxed{} = 32\,200 \text{ cm}^3$$

$I_{NA} = I_① + I_② = 94\,400 \text{ cm}^3$

（断面係数の計算）

$C_1 = $ ， $C_2 = $

$Z_1 = $ ， $Z_2 = $

5.1.3 断面 2 次半径

断面 2 次半径（radius of gyration）i は長柱（10 章を参照）で扱う重要な断面諸量の一つで，式 (5.15) のように定義する。

$$I = Ai^2 \quad \text{より} \quad i = \sqrt{\frac{I}{A}} \tag{5.14}$$

ここで，I は例えば，柱の断面 2 次モーメント，A は柱の断面積である。長柱として設計できる範囲を決める目安に**細長比**（slenderness ratio）l/i（l は柱の長さ）があり，長柱は大まかに 100～200 程度までの値を持つ。

5.1.4 断面2次極モーメント

図 5.7 は円の**断面2次極モーメント**（polar moment of inertia）I_P を計算するために描いたものである。この図を参考にして円形断面の中心点 O における I_P を求めると，次式のようになる。

$$I_P = \int_0^R r^2 dA = \int_0^R r^2 2\pi r dr = \frac{\pi R^4}{2} = \frac{\pi D^4}{32} \quad (5.15)$$

ここで，D は円の直径である。

I_P は断面内に作用するねじり応力 τ を求めるために使われる断面量で，ねじり強さを T とすると，曲げ応力の式 (5.8) と同じように，半径 r の位置でのせん断応力の大きさは次式によって表すことができる。

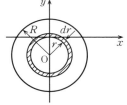

図 5.7 断面2次極モーメント

$$\tau = \frac{T}{I_P} r \quad (5.16)$$

ここで，円は x 軸の断面2次モーメントも y 軸の断面2次モーメントも同じ値を持つので，式 (5.15) を次式のように書き換えて，円断面の断面2次モーメントを簡単に求めることができる。

$$I_P = \int_0^R r^2 dA = \int_0^R (x^2 + y^2) dA = \int_0^R (x^2 + x^2) dA = \frac{\pi R^4}{2} = \frac{\pi D^4}{32} = 2I_x = 2I_y \quad (5.17)$$

$$I_x = I_y = \frac{\pi D^4}{64} \quad (5.18)$$

片持ちばりに生じる応力分布

図（a）は平面応力解析（厚み方向の応力は 0）をした片持ちばりである。マス目は解析のための有限要素である。図（b）は解析から求められた応力分布のイメージである。マス目の中の線の長さが応力の大きさに対応し，傾きが応力の向きを表している。はりの上部は引張（↔）を受け，下部は圧縮（⊣⊢）されているのがわかる。中立軸では小さな応力が×状の2方向に作用している。引張側も圧縮側の応力も水平ではなくそれぞれ斜め下，斜め上に向いているのがわかる。曲げモーメント M のみの応力計算は近似的な値を得るためのものであることがわかる。

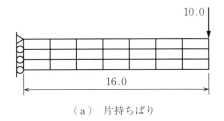

（a）片持ちばり

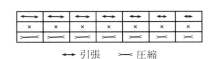

（b）応力分布

図

5.1.5 断面2次相乗モーメント

断面2次相乗モーメント（product of inertia／area product of inertia）I_{XY}は，与えられた断面の最大および最小の断面2次モーメントを求めるために必要な断面量である．紙面の都合でここでは省略するが，ほかの材料力学の参考書に記述されているので参照されたい．

5.2 設計に用いる剛材の材料定数と強度など

例えば，一般構造用圧延鋼材（ss400）の強度は 400 MPa，縦弾性係数は 200 GPa である．この鋼材の降伏点応力は軸応力，曲げ応力および圧縮応力の場合 230 MPa 程度，またせん断応力の場合 135 MPa 程度である．鋼材の場合，許容応力度は降伏点応力の，例えば7割程度を基準として設計をする．はりの**せん断力図**（Q**図**），**曲げモーメント図**（M**図**）から，せん断応力や曲げ応力を求め，許容応力度を越えないように最適な部材を選んではりを設計することができる．

5.3 荷重と断面力の関係

図 5.8 は，分布荷重 q がはりに作用し，取り出したはりの dx 部分の q，せん断力 Q，曲げモーメント M の釣合い状態を示したものである．

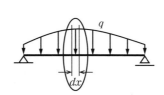 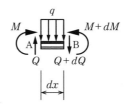

（a）分布荷重を受ける単純ばり　　（b）微小要素に作用する断面力

図 5.8　はりの微小要素の断面に作用する断面力と荷重

いま，図（b）の上下方向のつり合いを考えると，次式のようになる．

$$+\uparrow \sum V = 0 \;;\quad Q - qdx - (Q + dQ) = 0 \quad \text{より} \quad dQ = -qdx \quad \text{または} \quad \frac{dQ}{dx} = -q$$
(5.19)

また，点 B のモーメントの釣合いをとると次式のようになる．

$$\curvearrowright \sum M = 0 \text{ at 点 B} \;;\quad M + Qdx - qdx\frac{dx}{2} - (M + dM) = 0$$

ここで，$-wdxdx/2$ は高次の微小項（例えば，$0.01 \times 0.01 = 0.0001$ など）として省略でき

るので，次式のように q, Q, M の関係を整理することができる．

$$dM = Qdx \quad または \quad \frac{dM}{dx} = Q \tag{5.20}$$

さらに，式 (5.19) を考慮すると，次式のようになる．

$$\frac{d^2M}{dx^2} = \frac{dQ}{dx} = -q \tag{5.21}$$

式 (5.19)，(5.20) および (5.21) の関係がわかると，はり上に分布荷重や集中荷重が載荷されたとき，例えば AB 間を積分するだけで，点 A と点 B の Q や M の変化を求めることができる．

つぎに示す単純ばり，片持ちばり，張出しばりの例題で，Q 図や M 図を求めながら，上記に示した式を利用する方法について詳しく述べる．

例題 5.3

図 5.9 は三角形分布荷重 q を載荷した単純ばりである．式 (5.19) および式 (5.20) によりせん断力 Q と曲げモーメント M の式を求めよ．また，Q 図と M 図を描け．ただし，点 A および B の反力は，それぞれ 10 kN および 20 kN とする．

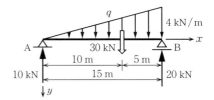

図 5.9　分布荷重と単純ばり

解答

図より，$q = (4/15)x$ である．式 (5.19) に代入すると

$$dQ = -\frac{4}{15}xdx$$

となる．これを積分すると，$Q = -(4/15)(x^2/2) + C_1$ であり，$x = 0$ で $Q = 10$ kN なので，$C_1 = 10$ である．したがって

$$Q = -\frac{4}{15}\frac{x^2}{2} + 10$$

となる．また式 (5.20) より

$$dM = \left(-\frac{2}{15}x^2 + 10\right)dx$$

となる．これを積分すると，$M = -(2/15)(x^3/3) + 10x + C_2$ であり，$x = 0$ で $M = 0$ なので，$C_2 = 0$ である．したがって

$$M = -\frac{2}{15}\frac{x^3}{3} + 10x$$

となる．図 5.10 は，いま求めた式の Q 図と M 図である．

5. 静定ばり

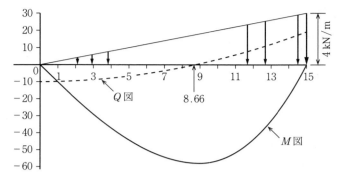

図5.10 例題5.3のQ図とM図

穴埋め例題 5.3

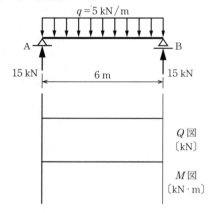

図5.11 等分布荷重 q を載荷した単純ばり

図5.11は等分布荷重 q を載荷した単純ばりである。式 (5.19) および (5.20) により Q と M の式を求めよ。また、Q 図と M 図を描け。ただし、点Aおよび Bの支点反力は、それぞれ 15 kN および 15 kN である。

解答

図より、$q=5$ である。式 (5.19) に代入すると

$$dQ = \boxed{}$$

となり、これを積分すると

$$Q = \boxed{}$$

となる。これは $x=0$ で $Q = \boxed{}$ なので、$C_1 = \boxed{}$ より、$Q = \boxed{}$ となる。

また、式 (5.20) より、$dM = \boxed{}$ である。これを積分すると、$M = \boxed{}$

であり、$x=0$ で $M = \boxed{}$ なので、$C_2 = \boxed{}$ である。したがって

$$M = \boxed{}$$

となる。図5.11下部に、いま求めた式の Q 図と M 図を示す（描き入れよ）。

例題 5.4

図 5.12 に示す単純ばりの支点反力 V_A と V_B を求め，Q 図と M 図を描け。

解答

$\curvearrowright \sum M = 0$ at 点 A より

$4 \times 2 + 10 - V_B \times 6 = 0 \Rightarrow V_B = 3\,\text{kN}$

ここで，モーメントの $10\,\text{kN}\cdot\text{m}$ はどこにあっても，そのまま加えておけばよい。

$+\uparrow \sum V = 0$ より

$V_A - 4 + 3 = 0 \Rightarrow V_A = 1\,\text{kN}$

モーメントと上下の力は直交しているので，$10\,\text{kN}\cdot\text{m}$ はこの式に加えることができない。

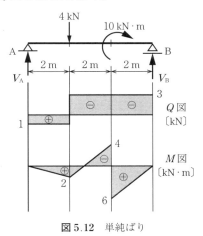

図 5.12 単純ばり

穴埋め例題 5.4

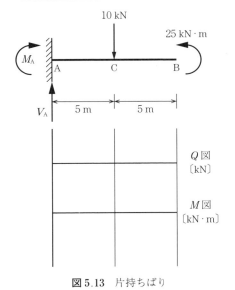

図 5.13 片持ちばり

図 5.13 に示す片持ちばりの支点反力 V_A と M_A を求め，Q 図と M 図を描け。

解答

$\curvearrowright \sum M = 0$ at 点 A より

$M_A + \boxed{} \Rightarrow M_A = \boxed{}$

$+\uparrow \sum V = 0$ より

$V_A - \boxed{} \Rightarrow V_A = \boxed{}$

となる。図 5.13 下部に Q 図と M 図を示す（描き入れよ）。

例題 5.5

単純ばりのはりが支点からはみ出している場合，**張出しばり**（simply supported beam with overhang）という（はみ出た部分の端は自由端）。図 5.14 は**ゲルバーばり**（Gerver

5. 静定ばり

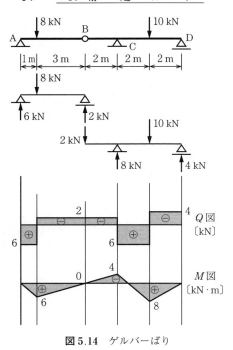

beam）と呼ばれる形式のはりで，張出しばり BD の上に単純ばり AB を載せて，1本のはりにしたものである。このはりの解析は，はり AB と BD を別々に解いて重ね合わせる。

支点反力を求め，Q図とM図を完成させよ。

解答

解答は図5.14に示したとおりである。Q図の点 B に相当するところでは，せん断力が連続していて 2 kN である。一方，M図では点 B はヒンジ点なので，値が 0 になっているのがわかる。

図 5.14　ゲルバーばり

穴埋め例題 5.5

図5.15はゲルバーばりである。支点反力を確認し，Q図とM図を完成させよ。

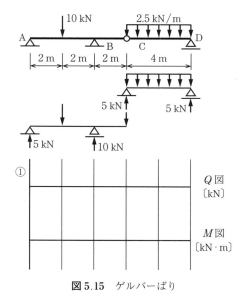

図 5.15　ゲルバーばり

5.4 はりのたわみ角とたわみ

はりのたわみ角やたわみの解析はコンクリートなどの引張に弱い部材のひび割れ防止や，不静定構造物の拘束条件に注目して解析をするときなどに必要となる。たわみ角やたわみをを求める方法は荷重の状態や解析対象構造物によって異なり，エネルギー法をはじめ，直接微分方程式を積分する方法などがある。

ここで説明するのは，**共役ばり法**（conjugate-beam method，弾性荷重法，モールの定理とも呼ばれる）による方法である。この方法は，つぎに示す式 (5.22 a) および式 (5.22 b) の類似性が基礎となっている。これらの式を並べて見てみるとその類似性がよくわかる[1]。

$$\frac{d^2M}{dx^2} = \frac{dQ}{dx} = -q \tag{5.22 a}$$

$$\frac{d^2y}{dx^2} = \frac{d\theta}{dx} = -\frac{M}{EI} \tag{5.22 b}$$

式 (5.22 a) は曲げモーメント M の 2 階の微分がせん断力 Q の 1 階の微分および分布荷重 q のマイナスに等しいことを示しており，式 (5.22 b) は変位 y の 2 階の微分がたわみ角 θ の 1 階の微分および $-M/(EI)$ に等しいこと示している†。式 (5.22 a) に対応するはりでは，例題 5.3 に示した積分による方法のほかに q が作用した際の Q や M を力のつり合いからも求めることができる。

一方，q の代わりに $M/(EI)$ を分布荷重（弾性荷重という）として作用させたはりで，力のつり合いからせん断力 Q を求めれば，その値が元のはりのたわみ角 θ の値となる。また，M/EI を作用させたはりで曲げモーメント M を求めれば，この値は元のはりの変位 y の値

表 5.1 実際のはりと共役ばり

	実際のはり	共役ばり
単純ばり	A△――――――△B	A△――――――△B
片持ちばり	A――――――B▨	▨A――――――B
張出しばり	A△――B△――C	A△――B○――C▨

---

† $d\theta/dx$ は，変形後のはりの曲率を表している。つまり，式 (5.22 b) は（同じ曲げモーメント M が作用していても）縦弾性係数 E と断面 2 次モーメント I が大きいと，はりは曲がりにくい（曲率が小さい）ということを示している。この積 EI を**曲げ剛性**（flexural rigidity）という。

とすることができる。このように，元のはりとは別のはりを考え，M/EI を作用させたはりのことを**共役ばり**（conjugate-beam）という。

表5.1 は，実際のはりと共役ばりの例を示したものである。単純ばりでは実際のはりと共役ばりは同じであるが，片持ちばりでは固定端が逆になっている。また張出しばりでは，支点Bではたわみが0なので，共役ばりでは点Bをヒンジとして，$M=0$ となるようにしてある。

例題 5.6

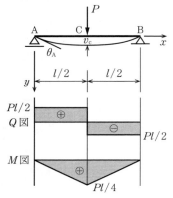

(a) 単純ばりの Q 図と M 図

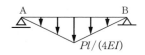

(b) 共役ばりへの弾性荷重載荷

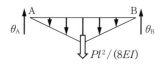

(c) 全弾性荷重とたわみ角

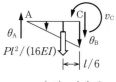

(d) たわみ v_C

図5.16 単純ばりのたわみ角とたわみ

図5.16に示す単純ばり AB の支点Aのたわみ角 θ_A および中点Cのたわみ v_C を共役ばり法により求めよ。

解答

図（a）は本問の Q 図と M 図を描いたものである。曲げモーメントの最大値は図に示したように $Pl/4$ である。

図（b）は共役ばり AB に弾性荷重を載荷したもので，最大値が $Pl/(4EI)$ となっている。

図（c）は全弾性荷重が $Pl^2/(8EI)$ となることが示してある。このことから，たわみ角 θ_A および θ_B は次式のようになる。

$$\theta_A = \frac{Pl^2}{16EI} \quad \text{および} \quad \theta_B = -\frac{Pl^2}{16EI}$$

符号はせん断力の符号と同じで，左端は時計回り，右端は反時計回りとなっている。

図（d）は中点のたわみ v_C を求めるために示した図である。このたわみは弾性荷重が載荷されたはりの中点の曲げモーメントと同じであるので，次式によって求めることができる。

$$\circlearrowright \sum M = 0 \text{ at 点C}$$

$$\theta_A \frac{l}{2} - \frac{Pl^2}{16EI} \frac{l}{6} - v_C = 0 \Rightarrow v_C = \frac{Pl^3}{48EI}$$

穴埋め例題 5.6

図 5.17 に示す片持ちばり AB の支点 A のたわみ角 θ_A および支点 B のたわみ v_A を共役ばり法により求めよ。

解答

図（a）に本問の Q 図と M 図を示す（描き入れなさい）。

曲げモーメントの最大値は　　　　　である。

図（b）は共役ばり AB に弾性荷重を載荷したもので，最大値が　　　　　となっている。

図（c）は全弾性荷重が　　　　　となることを示している。このことから，たわみ角 θ_A は次式のようになる。$\sum V = 0$ より

$$\theta_A = \boxed{}$$

たわみ v_A は全弾性荷重が載荷された点の曲げモーメントと同じであるので，次式によって求めることができる。$\sum M = 0$ at 点 A より

$v_A =$

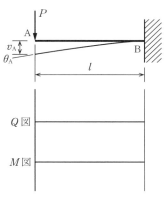

（a）片持ちばりの Q 図と M 図

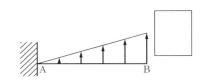

（b）共役ばりへの弾性荷重載荷

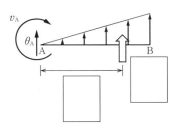

（c）全弾性荷重とたわみ角

図 5.17 片持ちばり

5.5 はりの応力と簡単な設計練習

穴埋め例題 5.7

図 5.18（a）は等分布荷重 q を載荷した，ある材料でできた長さ l の単純ばりである。図（b）はこのはりの断面で，幅が b，高さが h である。つぎの ①〜④ の問いに答えよ。

① せん断力の最大値 Q_{max} および曲げモーメントの最大値 M_{max} を q と l を使って示せ。

68 5. 静定ばり

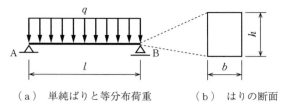

（a）単純ばりと等分布荷重 （b）はりの断面

図 5.18　単純ばり

$Q_{max} = $ ☐　　$M_{max} = $ ☐

② 断面の中立軸 NA に関する断面 2 次モーメント I_{NA}，および断面係数 Z を，例題 5.2 を参考にして，幅 b および高さ h を用いて示せ．

$I_{NA} = $ ☐　　$Z = Z_1 = Z_2 = $ ☐

③ はりに生じる最大曲げ応力 σ_{max} を，M_{max} と断面係数 Z を用いて示せ．また中立軸 NA での断面 1 次モーメント G_{NA} を求め，最大せん断応力[4] τ_{max} を G_{NA}，Q_{max} と断面 2 次モーメント I_{NA} および幅 b を用いて示せ．

$G_{NA} = $ ☐　　$\sigma_{max} = $ ☐　　$\tau_{max} = $ ☐

④ $q = 6\,\mathrm{kN/m}$，$l = 10\,\mathrm{m}$，$b = 30\,\mathrm{cm}$ とし，この材料の許容曲げ応力度を $\sigma_a = 10\,\mathrm{N/mm^2}$ とするとき，このはりが安全となるための高さ h を求めよ．

$h = $ ☐

章 末 問 題

【5.1】 問図 5.1 に示す単純ばりの反力を求め Q 図と M 図を描け．

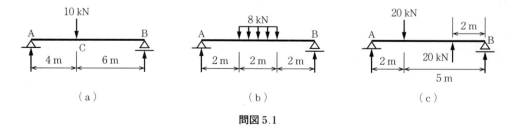

問図 5.1

【5.2】 問図 5.2 に示す張出しばりの支点反力を求め Q 図と M 図を描け．

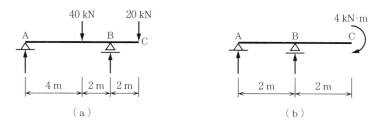

問図 5.2

【5.3】 はりの EI は一定として，つぎの問いに答えよ．
（1） 共役ばり法（弾性荷重法）により，問図 5.3 の点 A のたわみ角 θ_A と点 B のたわみ角 θ_B を求めよ．

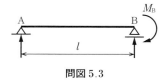

問図 5.3

（2） 共役ばり法（弾性荷重法）により，問図 5.4 の点 A のたわみ角 θ_A とたわみ v_A を求めよ．

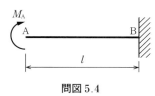

問図 5.4

（3） 共役ばり法（弾性荷重法）により，問図 5.5 の点 A のたわみ角 θ_A と点 B のたわみ角 θ_B を求めよ．

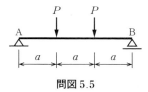

問図 5.5

（4） 式 (5.22 b) を積分して，問図 5.6 の点 A のたわみ v_A とたわみ角 θ_A を求めよ．

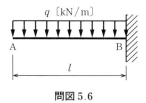

問図 5.6

6. 簡単な静定ばりの影響線

影響線を使うと，移動荷重（車や列車など）による構造物の支点反力や断面力（せん断力，曲げモーメントなど）の変化，またこれらの最大値を直感的に把握することができる。さらに，つり合い計算をすることなく，はりの任意の位置での断面力を簡単な掛け算と足し算などで計算できる。

本章では静定ばりのうち，単純ばりや張出しばりなどの支点反力，せん断力，曲げモーメントの影響線の描き方とその使い方について述べる。

6.1 単純ばりの影響線

6.1.1 単純ばりの支点反力の影響線

図 6.1 は単位荷重 1.0 が単純ばり AB 上を左から右に移動したときの反力 V_A，V_B の変化を示した図である。図（a）は，荷重がはり上に移動する前の状態を示した図で，支点反力は点 A，B ともに 0 である。図（b）は荷重が支点 A 上にある場合で，この荷重を支点 A ですべて負担していて，支点 B の反力は 0 である。図（c）は，単純ばり AB の中点にある場合で，荷重の半分ずつの 0.5 を両支点が負担している。図（d）は荷重が支点 B 上にあり点 B が荷重 1.0 すべてを負担していて，支点 A の反力は 0 である。これらの変化の状態を図化することによって，荷重がたくさん載荷されても，つり合いの式を立てることなく，簡単な代数計算により支点反力 V_A，V_B を求めることができる。

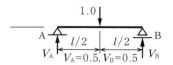

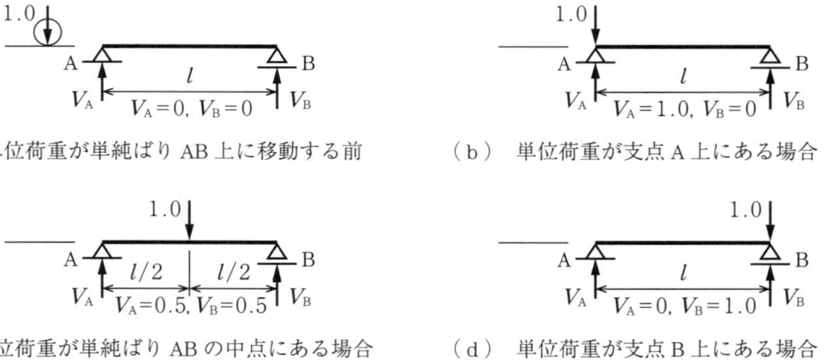

（a）単位荷重が単純ばり AB 上に移動する前　　（b）単位荷重が支点 A 上にある場合

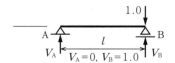

（c）単位荷重が単純ばり AB の中点にある場合　　（d）単位荷重が支点 B 上にある場合

図 6.1 単位荷重の移動と反力の変化

図 6.2（a）は V_A の**影響線**（influence line）で，荷重が点 A にあるとき 1.0 で，$l/2$ の点にあるときは 0.5，点 B では 0 の直線になっていることがわかる．図からわかるように，荷重位置 x のときの V_A の値は図に示すように $1-x/l$ である．図（b）は V_B の影響線で，荷重が点 A にあるとき 0 で，$l/2$ の点にあるときは 0.5，点 B では 1.0 の直線になっていることがわかる．図からわかるように，荷重位置 x での V_B の値は x/l である．次項ではこの支点反力の影響線を使って断面力の影響線を求める．

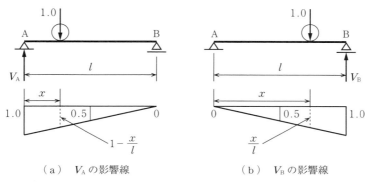

（a）　V_A の影響線　　　　　　（b）　V_B の影響線

図 6.2　単純ばりの支点反力の影響線

6.1.2　単純ばりのせん断力の影響線

ここで，単純ばりの任意点 C での**せん断力の影響線**（Q_C-**line**）を考える．**図 6.3** は点 C のせん断力 Q_C の影響線の求め方をまとめた図である．図（a）は単位荷重が点 C の左側にある場合のせん断力図（Q 図）を示した図である．この場合，荷重が AC 間のどこにあっても点 C のせん断力 Q_C は $-V_B$ に等しく，荷重が AC 間を移動する場合のせん断力は $-V_B$-line を使えばよいことになる．また，荷重が点 C の右側に移動すると，荷重が CB 間のどこにあっても点 C のせん断力 Q_C の大きさは図（b）に示すように V_A に等しくなり，荷重が AC 間を移動する場合のせん断力は V_A-line を使えばよいことになる．図（c）はこれらをまとめたもので，荷重が点 x の位置にあるときの Q_C の大きさは図に示したようになる．

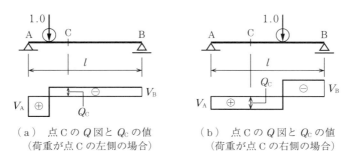

（a）　点 C の Q 図と Q_C の値　　　　（b）　点 C の Q 図と Q_C の値
　　　（荷重が点 C の左側の場合）　　　　　　（荷重が点 C の右側の場合）

図 6.3　単純ばりのせん断力の影響線

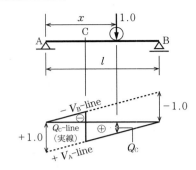

（c） 点 C のせん断力 Q_C の影響線（Q_C-line）

図 6.3 （つづき）

6.1.3 単純ばりの曲げモーメントの影響線

前項に続き，本項では**曲げモーメントの影響線**（M_C-**line**）を考える．**図 6.4** は，点 C の曲げモーメントの影響線の求め方をまとめた図である．

図（a）は単位荷重が点 C の左側にある場合の Q 図を示した図である．せん断力を積分し

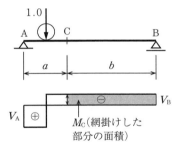

（a） 点 C の M_C と Q 図
（荷重が点 C の左側の場合）

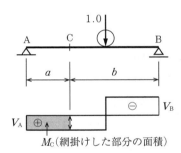

（b） 点 C の M_C と Q 図
（荷重が点 C の右側の場合）

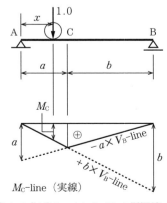

（c） 点 C の曲げモーメント M_C の影響線（M_C-line）

図 6.4 単純ばりの曲げモーメントの影響線

たものが曲げモーメントであるから（式(5.20)），この場合，点Cの曲げモーメントは$+b \times V_B$（逆方向積分で＋になる）に等しく，荷重がAC間を移動する場合の曲げモーメントM_Cは図に示す網掛けした部分の面積になる．また，荷重が点Cの右側に移動すると，点Cの曲げモーメントの大きさは図（b）に示すように$a \times V_A$に等しくなり，荷重がAC間を移動する場合のモーメントは図に示す網掛けした部分の面積を使えばよいことになる．図（c）はこれらをまとめたもので，荷重位置xのときのM_Cの大きさは図に示したようになる．

6.2 張出しばりの影響線

6.2.1 張出しばりの支点反力の影響線

図 6.5は，単位荷重1.0が張出しばりABC上を左から右に移動したときの支点反力V_A，V_Bの変化を示した図である．このはりの影響線は単純ばりの影響線を参考にして容易に描くことができる．

図（a）はV_Aの影響線（V_A-line）で，荷重が点AにあるときV_Aの値は1.0で，点Bでは0の直線になっていることがわかる．この直線は点Bを越えて延長すると点Cで-0.5となる．図からわかるように荷重位置xのときのV_Aの値は$1-x/l$である．

図（b）はV_Bの影響線（V_B-line）で，荷重が点AにあるときV_Bの値は0で，点Bでは1.0の直線になっていることがわかる．この直線はV_Aの影響線と同様に，点Bを越えて延長すると点Cで＋1.5となる．図からわかるように荷重位置xのときのV_Bの値はx/lである．

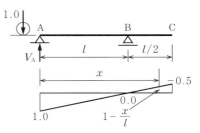

（a）　V_Aの影響線（V_A-line）

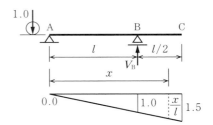

（b）　V_Bの影響線（V_B-line）

図 6.5　張出しばりの支点反力の影響線

次項では，この支点反力の影響線を使って断面力の影響線を求める．

6.2.2 張出しばりのせん断力の影響線

図 6.6は点Dのせん断力Q_Dの影響線Q_D-lineの求め方をまとめた図である．図（a）は単位荷重が点Dの左側にある場合のQ図を示した図である．BC間には荷重がないのでせん断力は生じない．ここでは点Dのせん断力Q_Dは$-V_B$に等しくなっている．したがって，荷重

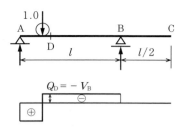
（a） AD 間に単位荷重がある場合

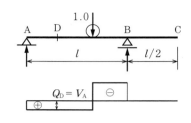
（b） DB 間に単位荷重がある場合

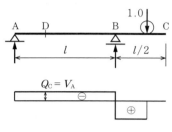
（c） BC 間に単位荷重がある場合

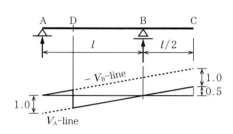
（d） 点 D のせん断力 Q_D の影響線

図 6.6 張出しばりのせん断力の影響線

が AD 間を移動する場合のせん断力は $-V_B$-line を使えばよいことになる．また，荷重が点 D の右側に移動すると，Q_D の大きさは図（b）に示すように V_A に等しくなり，荷重が BC 間を移動する場合のせん断力は図（c）に示すように V_A-line を使えばよいことになる．図（d）はこれらをまとめたもので，荷重の移動に伴う Q_D の大きさは図に示した実線のようになる．

6.2.3 張出しばりの曲げモーメントの影響線

図 6.7 は点 D の曲げモーメント M_D の影響線 M_D-line の求め方をまとめた図である．図（a）は単位荷重が点 D の左側にある場合の Q 図を示した図である．この場合，M_D は $+b \times V_B$（逆方向積分で＋になる）に等しく，荷重が AD 間を移動する間の M_D は図（a）に

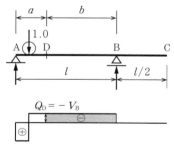
（a） AD 間に単位荷重がある場合

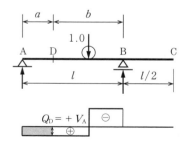
（b） DB 間に単位荷重がある場合

図 6.7 張出しばりの曲げモーメントの影響線

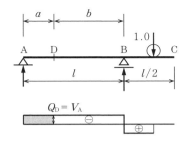
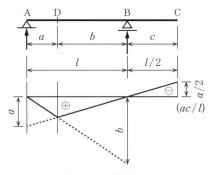

(c) BC間に単位荷重がある場合 (d) M_D の影響線

図 6.7 (つづき)

示す網掛けした部分の面積を使えばよい。荷重が点Dの右側に移動すると，M_D は図(b)に示すように $a \times V_A$ に等しくなり，荷重がBC間を移動する場合の M_D は図(c)に示す網掛けした部分の面積を使えばよいことになる。図(d)はこれらをまとめたもので，荷重が点 x の位置にあるときの M_D の大きさは図に示したようになる。

例題 6.1

図 6.8 に示す単純ばりの支点反力 V_A と V_B および点Cのせん断力 Q_C および曲げモーメント M_C を影響線を使って求めよ。

解答

6.1 節の単純ばりを参考にして，V_A，V_B および点Cの Q，M それぞれの影響線を描くと図(a)〜(d)のようになる。

図(a)の V_A-line より

$$V_A = 20 \times \frac{3}{6} + 40 \times \frac{2}{6} = 23.3 \text{ kN}$$

図(b)の V_B-line より

$$V_B = 20 \times \frac{3}{6} + 40 \times \frac{4}{6} = 36.7 \text{ kN}$$

図(c)の Q_C-line より

$$Q_C = 20 \times \frac{3}{6} + 40 \times \frac{2}{6} = 23.3 \text{ kN}$$

図(d)の M_C-line より

$$M_C = 20 \times \frac{2}{6} 3 + 40 \times \frac{2}{6} 2$$

$$= 46.7 \text{ kN·m}$$

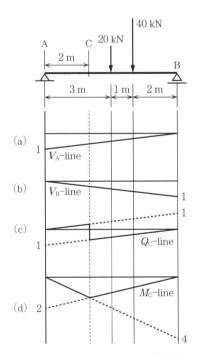

図 6.8 V_A，V_B，Q_C，M_C の影響線

6. 簡単な静定ばりの影響線

このように，1.0 の荷重が移動する支点反力の影響線を使うと，荷重 20 kN と 40 kN が作用した場合を重ね合わせることで，簡単に支点反力や断面力の大きさを求めることができる。

例題 6.2

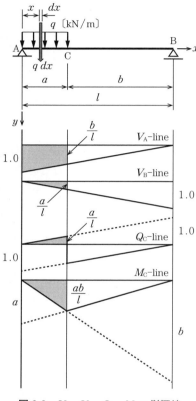

図 6.9 V_A, V_B, Q_C, M_C の影響線

図 6.9 に示す単純ばりの V_A と V_B および点 C のせん断力 Q_C および曲げモーメント M_C を影響線を使って求めよ。ただし，q は一定とする。

解答

図の V_A-line より

$$V_A = \int_0^a q\,dx\,y_A = q\int_0^a y_A\,dx \quad \left(y_A = 1 - \frac{x}{l}\right)$$

$= q \times$ 網掛けした部分（台形部分）の面積

V_B-line より

$$V_B = \int_0^a q\,dx\,y_B = q\int_0^a y_B\,dx \quad \left(y_B = \frac{x}{l}\right)$$

$= q \times$ 網掛けした部分（三角形部分）の面積

同様にして，Q_C-line より

$$Q_C = q \times \frac{-a \times a/l}{2} = q \times 網掛けした部分の面積$$

M_C-line より

$$M_C = q \times \frac{a \times ab/l}{2} = q \times 網掛けした部分の面積$$

穴埋め例題 6.1

図 6.10 に示す単純ばりの，V_B および Q_C, M_C を影響線を使って求めよ。

解答

（V_A の計算）

まず，V_A-line の ①，②，③ それぞれの長さを求める。

① の長さ = ☐

②の長さ =

③の長さ =

$V_A = 20 \times$ ☐ $+ 2 \times$ ☐

   $=$ ☐ 〔kN〕

(V_B の計算)

つぎに V_B-line の ④, ⑤, ⑥ の長さを求める。

④の長さ =

⑤の長さ =

⑥の長さ =

$V_B = 20 \times$ ☐ $+ 2 \times$ ☐

   $=$ ☐ 〔kN〕

(Q_C の計算)

Q_C-line の ⑦, ⑧, ⑨ の長さを求める。

⑦の長さ = ,

⑧の長さ = ,   ⑨の長さ =

$Q_C = 20 \times$ ☐ $+ 2 \times$ ☐ $=$ ☐

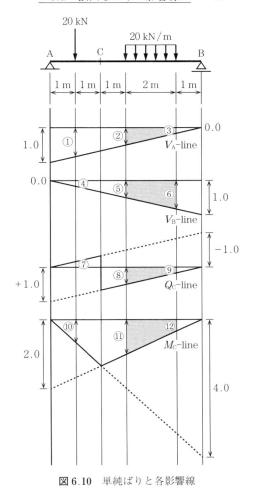

図 6.10 単純ばりと各影響線

6. 簡単な静定ばりの影響線

（M_C の計算）

M_C-line の ⑩，⑪，⑫ の長さを求める。

⑩ の長さ = [　　　]　,　⑪ の長さ = [　　　]　,　⑫ の長さ = [　　　]

$Q_C = 20 \times$ [　　　] $+ 2 \times$ [　　　] $=$ [　　　]

穴埋め例題 6.2

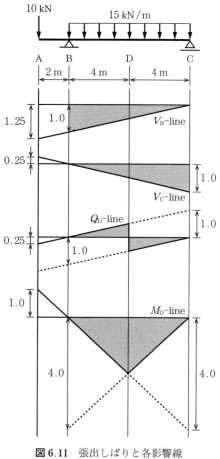

図 6.11 張出しばりと各影響線

図 6.11 に示す張出しばりの V_B, V_C および Q_D, M_D を影響線を使って求めよ。

解答

（V_B の計算）

$V_B = 10 \times$ [　　　] $+ 15 \times$ [　　　]

$=$ [　　　] 〔kN〕

（V_C の計算）

$V_C = 10 \times$ [　　　] $+ 15 \times$ [　　　]

$=$ [　　　] 〔kN〕

（Q_D の計算）

$Q_D = 10 \times$ [　　　] $+ 15 \times$ [　　　]

$=$ [　　　] 〔kN〕

（M_D の計算）

$M_D = 10 \times$ [　　　] $+ 15 \times$ [　　　]

$=$ [　　　] 〔kN·m〕

章 末 問 題

【6.1】 問図 6.1 に示す単純ばりの V_A, V_B および Q_C, M_C を影響線を使って求めよ。

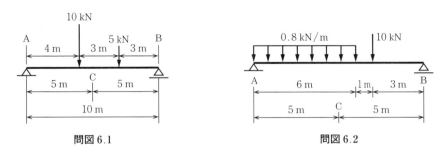

問図 6.1　　　　　　　　　　　問図 6.2

【6.2】 問図 6.2 に示す単純ばりの V_A, V_B および Q_C, M_C を影響線を使って求めよ。

【6.3】 問図 6.3 に示す単純ばり AB 上を図に示すような連行荷重が移動するとき, Q_C の最大値 $Q_{C\max}$, Q_C の最小値 $Q_{C\min}$, M_C の最大値 $M_{C\max}$ を求めよ。最大値の生じる位置は影響線図を見て直感で判断せよ。

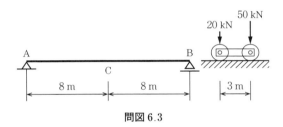

問図 6.3

【6.4】 問図 6.4 に示す張出しばりの V_A, V_B および Q_D, M_D を影響線を使って求めよ。

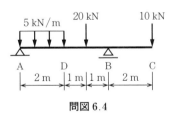

問図 6.4

7. 構造物の弾性変形

　本章の目的は，構造物の変位，変形を求めることである。構造物の変形を求めることは，設計をする上で必要になるだけでなく，不静定構造を解く上で，変形の適合条件を満足させるため必要になる。また，ここで学ぶエネルギー原理に基礎を置いた方法は，コンピューターによる構造解析の基本原理でもある。

■ 7.1　外力仕事とひずみエネルギー

7.1.1　外力仕事とは

高校物理において，「仕事」とは

　　仕事 ＝ (物体に作用する力の大きさ) × (作用方向の変位)

であると学習した。本節では，まず，この概念についてよく考えてみる。
　ある質点に作用する仕事 W とは，力 P と変位 δ の積である。すなわち

$$W = P\delta \tag{7.1}$$

ただし，これは，**図 7.1**（a）のように，力の作用線方向と質点の変位方向が一致する場合の説明である。図（b）のように，力の向きと変位の向きが異なり，それらが角度 α をなす場合には，質点に対する外力仕事は

$$W = (P\cos\alpha)\delta \tag{7.2}$$

となり，単純に力×変位とはならない。

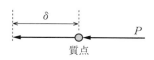

（a）　力の作用線方向と質点の
　　　変位方向が一致する場合

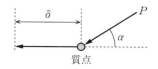

（b）　力の作用線方向と質点の
　　　変位方向が異なる場合

図 7.1　外力仕事

7.1.2　弾性体に対する仕事

つぎに，弾性体に対する仕事について考えてみる（**図 7.2**（a））。弾性体のある変位点に

7.1 外力仕事とひずみエネルギー

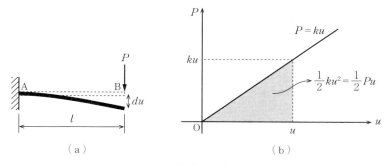

図7.2 弾性体に対する仕事

おける力を P, 力の方向の微小変位量を du とすると, 微小変位の間になされる仕事は, 次式のように表される.

$$dW = Pdu \tag{7.3}$$

弾性体では, 外力 P と変位 u との間には比例関係があるので

$$P = ku \tag{7.4}$$

となる. ここで, k は比例定数である.

変位が0から u になるまでの間に外力によってなされる仕事は, dW をこの範囲で積分して

$$W = \int_0^u dW = \int_0^u Pdu = \int_0^u kudu = \frac{1}{2}ku^2 = \frac{1}{2}Pu \tag{7.5}$$

と求まる. これは図 (b) に示すように, 三角形の面積を表す.

7.1.3 ひずみエネルギーとは

外力が弾性体に対してなした仕事により, 弾性体にはひずみが生じ, **ひずみエネルギー** (strain energy) として蓄えられる. ここでは, 外力を受けている構造物 (弾性体) のひずみエネルギーを算出するにあたり, 一辺が dx, dy, dz の微小要素を取り出し, そのひずみエネルギーを考え, さらに, それを体積積分して構造物のひずみエネルギーを求めていく.

〔1〕 **軸方向力を受ける部材のひずみエネルギー**　いま, 簡単のため, 図7.3のように軸方向の力のみを受ける部材を考え, 微小要素のサイズを dx, dy, dz とした微小要素を考える. 微小要素には1方向のみに力が作用する場合を考える. 微小要素に作用する力は, 微小要素に作用する応力を σ とすると

$$\sigma dA = \sigma dydz \tag{7.6}$$

となる. 一方, x 方向の微小変位は $d(\varepsilon dx)$ のように表される. ひずみエネルギーは外力によってなされた仕事なので, 力×微小変位の積分値として求めることができる. ひずみが0から ε になるまでの間に微小体積要素に蓄えられたひずみエネルギー dU は, 式 (7.6) より力 $\sigma dydz$ ×微小変位 $d(\varepsilon dx)$ をこの範囲で積分して

82   7. 構造物の弾性変形

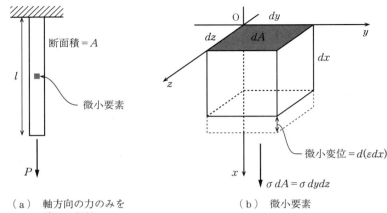

(a) 軸方向の力のみを受ける部材
(b) 微小要素

図7.3 微小要素に作用する力と伸び

$$dU = \int_0^\varepsilon (\sigma dydz) \cdot d(\varepsilon dx) = \int_0^\varepsilon \sigma d\varepsilon dV = \int_0^\varepsilon E\varepsilon d\varepsilon dV = \frac{1}{2}E\varepsilon^2 dV = \frac{1}{2}\sigma\varepsilon dV \quad (7.7)$$

あるいは，$d(\sigma dydz) \cdot \varepsilon dx$ を積分して

$$dU^* = \int_0^\sigma \varepsilon d\sigma dV = \int_0^\sigma \frac{\sigma}{E} d\sigma dV = \frac{\sigma^2}{2E} dV = \frac{1}{2}E\varepsilon^2 dV = \frac{1}{2}\sigma\varepsilon dV \quad (7.8)$$

と求まる（$dU = dU^*$）。ここで，E は縦弾性係数で，$\sigma = E\varepsilon$ である。また，$dV = dxdydz$ である。よって，構造物全体では，dU を体積積分して，次式を得る。

$$U = \int_V dU = \int_V \frac{1}{2}\sigma\varepsilon dV = \int_V \frac{\sigma^2}{2E} dV = \iint_l \int_A \frac{\sigma^2}{2E} dA dx = \int_0^l \frac{P^2}{2EA^2} A dx = \frac{P^2 l}{2EA} \quad (7.9)$$

棒に働く部材力を N とすると，$P = N$ であるから

$$U = \frac{N^2 l}{2EA} \quad (7.10)$$

のように表すこともできる。これらは，軸方向力を受ける部材のひずみエネルギーである。

〔2〕 **曲げを受けるはりのひずみエネルギー**　曲げを受けるはりの中立軸からの距離 y における応力 σ は，曲げモーメントを M，断面2次モーメントを I として，次式で与えられる。

$$\sigma = \frac{M}{I} y \quad (7.11)$$

曲げを受けるはりのひずみエネルギー U は式（7.9）の $U = \int_V 1/(2E)\sigma^2 dV$ に式（7.11）を代入して求めることができる。このとき，断面2次モーメントの定義式 $I = \int_A y^2 dA$ を考慮すると次式のようになる。

$$U = \int_V \frac{1}{2E} \frac{M^2}{I^2} y^2 dV = \int_l \frac{M^2}{2EI^2} \left(\int_A y^2 dA \right) dx = \int_l \frac{M^2}{2EI} dx \quad (7.12)$$

7.1 外力仕事とひずみエネルギー

〔3〕 **せん断を受ける部材のひずみエネルギー** せん断を受ける部材の微小要素 $dxdydz$ のひずみエネルギー dU は

$$dU = \int_0^\gamma \tau d\gamma dV = \int_0^\gamma G\gamma d\gamma dV = \frac{1}{2}G\gamma^2 dV = \frac{1}{2}\tau\gamma dV \tag{7.13}$$

で求めることができる。ここで，τ はせん断応力，γ はせん断ひずみ，G はせん断弾性係数である。よって，構造物全体では，dU を体積積分して，次式を得る。

$$U = \int_V dU = \int_V \frac{1}{2}\tau\gamma dV = \int_V \frac{\tau^2}{2G} dV = \int_l \int_A \frac{\tau^2}{2G} dAdx \tag{7.14}$$

はりの曲げに伴うせん断応力 τ は断面内で一様分布とはならず，また，はりの断面形状によっても異なる。そこで，せん断応力を $\tau = kQ/A$ のようにおき

$$U = \int_l \int_A \frac{k^2 Q^2}{2GA^2} dAdx = \int_l \left(\frac{Q^2}{2GA} \int_A \frac{k^2}{A} dA \right) dx \tag{7.15}$$

と表す。また，$\kappa = \int_A k^2/A \, dA$ とおくと次式のようにも表せる。

$$U = \int_l \left(\frac{Q^2}{2GA} \int_A \frac{k^2}{A} dA \right) dx = \int \frac{\kappa Q^2}{2GA} dx \tag{7.16}$$

例題 7.1

図 7.4 に示す長さ l，曲げ剛性 EI の片持ちばりのひずみエネルギーを求めよ。

解答

式 (7.12) を用いる。曲げモーメント分布は，点 A から右方向に x 軸をとると $M = -Px$ であるから

$$U = \int_l \frac{M^2}{2EI} dx = \int_0^l \frac{(-Px)^2}{2EI} dx = \frac{P^2}{2EI} \int_0^l x^2 dx = \frac{P^2}{2EI} \left[\frac{x^3}{3} \right]_0^l = \frac{P^2 l^3}{6EI}$$

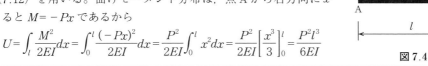

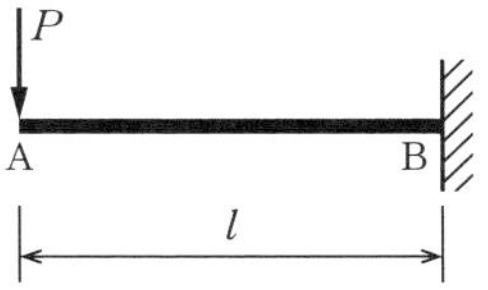

図 7.4

穴埋め例題 7.1

図 7.5 に示す長さ l，曲げ剛性 EI の片持ちばりのひずみエネルギーを求めよ。

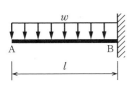

図 7.5

解答

左端から x 軸をとると，曲げモーメント M は

$$M = \boxed{}$$

と表せる。よって

84   7. 構造物の弾性変形

$$U =$$

7.2 エネルギー保存則

エネルギー保存則（law of the conservation of energy）とは，「エネルギーの損失や出入りのない系の中では，エネルギーの総和は一定に保たれている」というものである。

例として，図 7.6 に示す片持ちばりを考える。外力 P によってはりが δ だけ変位したとき，外力ははりに対してある仕事をしたことになり，かつ，その仕事分のエネルギー（ひずみエネルギー）が変形したはりに蓄えられたことになる。

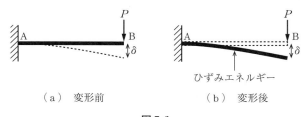

（a）変形前 （b）変形後

図 7.6

7.3 仮想仕事の原理（片持ちばり，単純ばり，トラス）

7.3.1 基本概念

外力 P を受けて変形し，静止してつり合い状態にある構造物を考える（図 7.7）。このようなつり合い状態にある構造物にごく小さな仮想の変位 δv（仮想変位）を考えてみると，外力のなす仮想仕事は

$$\delta W = P \delta v \tag{7.17}$$

である。複数の力が作用しているより一般的な場合には

$$\delta W = \sum P \delta v \tag{7.18}$$

となる。

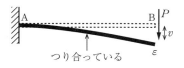

図 7.7 つり合い状態にある構造物

図 7.8 仮想仕事の原理

一方，この構造物は，力を受けてつり合い状態にあった際，すでに内部には応力 σ とひずみ ε が発生しており，前述の仮想変位を与えた際，ひずみが $\varepsilon \to \varepsilon + \delta\varepsilon$ のように仮想ひずみ $\delta\varepsilon$ だけ増えることになる（**図 7.8**）。そのため，内力のなす仮想仕事は

$$\delta U = \int_V \sigma\, \delta\varepsilon\, dV \tag{7.19}$$

のように表される。もし，せん断応力 τ，仮想せん断ひずみ $\delta\gamma$ も考えるならば

$$\delta U = \int_V (\sigma\, \delta\varepsilon + \tau\, \delta\gamma)\, dV \tag{7.20}$$

のようになる。

δW と δU が等しくなるので

$$\sum P\, \delta v = \int_V (\sigma\, \delta\varepsilon + \tau\, \delta\gamma)\, dV \tag{7.21}$$

のようになる。この関係式は，**仮想仕事の原理**（principle of virtual work）と呼ばれるものである。

7.3.2 仮想仕事とは

構造物がいくつかの外力を受けてつり合っているとき，この構造物に仮想の変位を与えると，外力と内力は仮想変位に対して仕事をする。一方で，仮想の力を与えた場合も，仮想力は構造物の変形に対して仕事をすることになる。仮想変位および仮想力による仕事を**仮想仕事**（virtual work）という。

仮想仕事の原理は，以下のように，① 実荷重と仮想変位との積を仮想仕事とする仮想変位の原理と，② 仮想荷重と実変位との積を仮想仕事とする仮想力の原理に分けることができる。

〔仮想仕事の原理〕
  ① 仮想仕事＝実荷重×仮想変位 （仮想変位の原理）
  ② 仮想仕事＝仮想荷重×実変位 （仮想力の原理）

7.3.1 項で紹介した仮想仕事の原理は ① の仮想変位の原理であった。次項では ② の仮想力の原理について紹介する。本章の目的である構造物の変位を求めるためには，もっぱら「仮想力の原理」のほうを用いる。

7.3.3 仮想力の原理

外力 P を受けて変位 v でつり合っている構造物に対し，仮想の変位 δv を考える代わりに，仮想の微小荷重 δP を考えると，仮想外力仕事は

$$\delta W = \delta P v \tag{7.22}$$

となる。複数の外力が作用する場合には

$$\delta W = \sum \delta P v \tag{7.23}$$

となる。

　一方，この構造物は，力を受けつり合い状態にあった際，すでに内部には応力 σ とひずみ ε が発生しており，前述の仮想力を与えた際，応力が $\sigma \to \sigma + \delta \sigma$ のように仮想荷重による $\delta \sigma$ だけ増えることになる。そのため，内力のなす仮想仕事は

$$\delta U = \int_V \delta \sigma \, \varepsilon \, dV \tag{7.24}$$

のように与えられる。

　もし，仮想のせん断応力 $\delta \tau$，実せん断ひずみ γ も考えるならば

$$\delta U = \int_V (\delta \sigma \, \varepsilon + \delta \tau \, \gamma) dV \tag{7.25}$$

のようになる。

　δW と δU が等しくなるので

$$\sum \delta P v = \int_V (\delta \sigma \, \varepsilon + \delta \tau \, \gamma) dV \tag{7.26}$$

のようになる。

〔1〕 **軸方向力を受ける部材**　　仮想力の原理として導出した式 (7.26) は特に構造物を限定したものではないが，ここではまず，トラス構造物のように軸方向力を受ける部材に限定し，実用的な式に変形する。

　仮想ひずみエネルギー δU は，部材力を N，部材の断面積を A とすると，$\varepsilon = \sigma/E = N/(EA)$ なので，次式のようになる。

$$\delta U = \int_V \delta \sigma \, \varepsilon \, dV = \int_l \int_A \delta \sigma \, dA \varepsilon dx = \int_l \delta N \varepsilon dx = \int_0^l \delta N \frac{N}{EA} dx \tag{7.27}$$

ここで，δN は仮想の部材力を意味するものとする。

　仮想力による外力仕事が仮想の内力仕事（仮想ひずみエネルギー）に等しいから

$$\sum \delta P v = \int_0^l \frac{N \delta N}{EA} dx \tag{7.28}$$

特に，一つの仮想外力のみを考え，仮想外力の値を 1（単位荷重）とすれば，以下の公式が得られる。

$$1 \cdot v = \int_0^l \frac{N \overline{N}}{EA} dx \tag{7.29}$$

ここで，$\overline{N}$ は仮想荷重 $\delta P = 1$ によって生じる部材力である。

各部材の長さ方向に部材力 N, $\overline{N}$ や断面積 A, 縦弾性係数 E は一定とすると，右辺は $N\overline{N}l/EA$ となり，複数部材について和をとると

$$1 \cdot v = \sum \frac{N\overline{N}}{EA} l \tag{7.30}$$

となる。この式がトラスのように軸方向の力を受ける複数の部材からなる構造物に対する仮想仕事の原理で，特に，**単位荷重法**（unit-load method）という。この式を用いることによって，ある位置の変位 v を求めることができる。注意すべきは，$\overline{N}$ を求める方法で，変位を求めたい場所に求めたい方向に 1 という単位荷重を作用させたときの部材力を求める必要がある。

例題 7.2

図 7.9 に示すトラス構造物の点 C における鉛直下向き変位 v を求めよ。

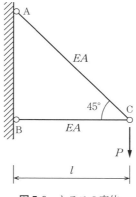

図 7.9 トラスの変位

解答

トラスは軸方向力を受ける部材なので，式（7.30）を用いる。そのため，**表 7.1** に沿って計算を進めるとよい。仮想荷重は，点 C に 1 という単位荷重を下向き（変位を求めたい向き）に作用させる。

したがって，鉛直下向き変位 v は

表 7.1

部材	実荷重による部材力 N	仮想荷重による部材力 $\overline{N}$	部材の長さ	$\dfrac{N\overline{N}}{EA}l$
AC	$\sqrt{2}P$	$\sqrt{2}$	$\sqrt{2}l$	$\dfrac{2\sqrt{2}Pl}{EA}$
BC	$-P$	-1	l	$\dfrac{Pl}{EA}$

この和が変位 v となる。

$$v = \sum \frac{N\overline{N}}{EA} l = \frac{2\sqrt{2}\,Pl}{EA} + \frac{Pl}{EA} = \frac{Pl}{EA}(1+2\sqrt{2})$$

穴埋め例題 7.2

図 7.10 に示すトラス構造物の点 C における鉛直変位 v を求めよ。

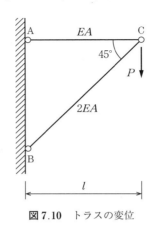

図 7.10 トラスの変位

解答

表 7.2 に沿って計算を進める（書き込みなさい）。

表 7.2

部材	実荷重による部材力 N	仮想荷重による部材力 $\overline{N}$	部材の長さ	$\dfrac{N\overline{N}}{EA}l$
AC				
BC				

したがって，鉛直変位 v は

$$v = \sum \frac{N\overline{N}}{EA} l$$

$$=$$

〔2〕 **曲げを受ける部材**　仮想力の原理として導出した式 (7.26) において，はりのように曲げを受ける部材に限定し，実用的な式に変形する。なお，ここでは軸方向の力やせん断力の影響は無視する。

実荷重による曲げモーメントを M,仮想荷重による曲げモーメントを δM とすると,はりの曲げ応力は $\sigma = M/Iy$ より

$$\delta\sigma = \frac{\delta M}{I}y, \qquad \varepsilon = \frac{\sigma}{E} = \frac{M}{EI}y$$

のような関係式が成り立つから,仮想ひずみエネルギー δU は次式のようになる。

$$\delta U = \int_V \delta\sigma\varepsilon dV = \int_V \left(\frac{\delta M}{I}y\right)\left(\frac{M}{EI}y\right)dV = \int_l\int_A \left(\frac{\delta M}{I}y\right)\left(\frac{M}{EI}y\right)dAdx$$

$$= \int_l \frac{\delta M}{I}\frac{M}{EI}\int_A y^2 dA dx = \int_l \frac{M\delta M}{EI}dx \tag{7.31}$$

なお,ここでは,断面2次モーメント $I = \int_A y^2 dA$ を用いている。

仮想力による外力仕事(式(7.23))が仮想の内力仕事(仮想ひずみエネルギー)に等しいから

$$\sum \delta P v = \int_l \frac{M\delta M}{EI}dx \tag{7.32}$$

となる。特に,一つの仮想外力のみを考え,仮想外力の値を1とし,そのとき $\delta M = \overline{M}$ と表現するならば,積分区間を $0 \sim l$ として,以下の公式が得られる。

$$\boxed{1 \cdot v = \int_0^l \frac{M\overline{M}}{EI}dx} \tag{7.33}$$

この式から曲げを受ける構造物の変位を求めることができる。注意すべきは,$\overline{M}$ を求める際の仮想外力の作用のさせ方で,導出過程から明らかなように,<u>変位を求めたい場所に,求めたい方向に値が1の力を作用させる</u>ことになる。

左辺は仮想外力による仕事なので,もし,たわみでなくたわみ角 θ を求めたい場合には,値が1の仮想外力(単位荷重)の代わりに値が1の仮想モーメント(単位モーメント)を作用させたとして

$$1 \cdot \theta = \int_0^l \frac{M\overline{M}}{EI}dx \tag{7.34}$$

のようにも表すことができる。曲げを受けるはりのたわみ角を求める場合には,この式を用いる。この場合も,$\overline{M}$ を求めるにあたっては,<u>たわみ角を求めたい場所に求めたい方向に1という単位モーメントを作用させる</u>ことに注意されたい。

例題 7.3

図 7.11 に示す長さ l の片持ちばりの自由端のたわみ δ_A を求めよ。ただし,はりの曲げ剛性を EI とする。

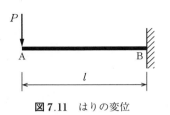

図7.11 はりの変位

解答

公式： $1 \cdot v = \int_0^l \dfrac{M\overline{M}}{EI}dx$ を用いる。

M は，実荷重による曲げモーメント分布で，点 A から右方向に x 軸をとると，$M=-Px$ と表される。$\overline{M}$ は，仮想荷重を作用させたときの曲げモーメント分布である。仮想荷重は，変位を求めたい場所に，求めたい方向に1の荷重を作用させるので，この場合は，A 端に下向き1の荷重を作用させる。そのときの曲げモーメント分布は，$\overline{M}=-x$ となる。よって

$$1 \cdot \delta_A = \int_0^l \dfrac{M\overline{M}}{EI}dx = \int_0^l \dfrac{(-Px)(-x)}{EI}dx = \dfrac{P}{EI}\int_0^l x^2 dx = \dfrac{P}{EI}\left[\dfrac{x^3}{3}\right]_0^l = \dfrac{Pl^3}{3EI}$$

穴埋め例題7.3

図 7.12 に示す長さ l の片持ちばりの中央に集中荷重が作用するとき，自由端のたわみ δ_A を求めよ。ただし，はりの曲げ剛性を EI とする。

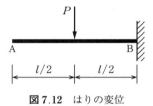

図7.12 はりの変位

解答

公式： $1 \cdot v = \int_0^l \dfrac{M\overline{M}}{EI}dx$ を用いる。

まず，実荷重による曲げモーメント分布 M を求める。この場合は，載荷点より自由端側では曲げモーメント分布は0になり，この区間では，公式における積分値も0になるので考えなくてよい。はり中央より右側に x 軸をとると

$$M = \boxed{}$$

となる。ただし，$0 \leq x \leq l/2$ である。

つぎに，仮想荷重に対する曲げモーメント分布 $\overline{M}$ を考える。仮想荷重は，変位を求めたい場所に，求めたい方向に荷重1を作用させるので，この場合は，はり自由端に下向き1の荷重を作用させる。そのときの曲げモーメント分布は，先ほどと同じ x 軸の取り方をすると

$$\overline{M} = \boxed{} \quad \left(0 \leq x \leq \dfrac{l}{2}\right)$$

となる。よって

$$1 \cdot \delta_A = \int_0^l \dfrac{M\overline{M}}{EI}dx = \boxed{}$$

と求められる。

穴埋め例題 7.4

図 7.13 に示す長さ l の単純ばりの左端に曲げモーメント M_A が作用するとき，両端のたわみ角を求めよ。ただし，はりの曲げ剛性を EI とする。

図 7.13

解答

まず，支点反力を求めると

$$V_A = \frac{M_A}{l}, \qquad V_B = -\frac{M_A}{l}$$

である。実荷重に対する曲げモーメント M は点 A から右方向に x 軸をとると

$$M = M_A - \frac{M_A}{l} x$$

となる。点 A でのたわみ角を求める場合には，点 A に値が 1 の仮想曲げモーメントを作用させると，$\overline{M} = 1 - \dfrac{x}{l}$ となるので

$$1 \cdot \theta_A = \int_0^l \frac{M\overline{M}}{EI} dx = \frac{M_A l}{3EI}$$

と求まる。点 B でのたわみ角を求める場合には，点 B に値が 1 の仮想曲げモーメントを作用させると，$\overline{M} = \dfrac{x}{l}$ となるので

$$1 \cdot \theta_B = \int_0^l \frac{M\overline{M}}{EI} dx = \frac{M_A l}{6EI}$$

と求まる。

---

〔3〕積 分 公 式 曲げを受ける部材において，変位を求める際に用いた単位荷重法の公式は，次式のようであった。

$$1 \cdot v = \int_0^l \frac{M\overline{M}}{EI} dx \tag{7.33}$$

この計算をするには，$\int_0^l M\overline{M}dx$ の計算をする必要があるが，$\overline{M}$ は，変位を求めたい場所に求めたい方向に値が 1 の荷重（単位荷重）を作用させた場合の曲げモーメント分布なので，基本的に 1 次式（直線分布）となる。あるいは，たわみ角を求めたい場合には，$\overline{M}$ は，たわみ角を求めたい場所に求めたい方向に値が 1 のモーメント（単位のモーメント）を作用させた場合の曲げモーメント分布なので，1 次式あるいは一定分布で表される。

7. 構造物の弾性変形

一方で，実荷重による曲げモーメント M は，実荷重が集中荷重の場合は基本的に1次式，等分布荷重の場合には2次式となる。このため，積分のパターンはいくつかに限定されてしまうことが多く，それらを公式化しておくと便利である。

例題 7.4

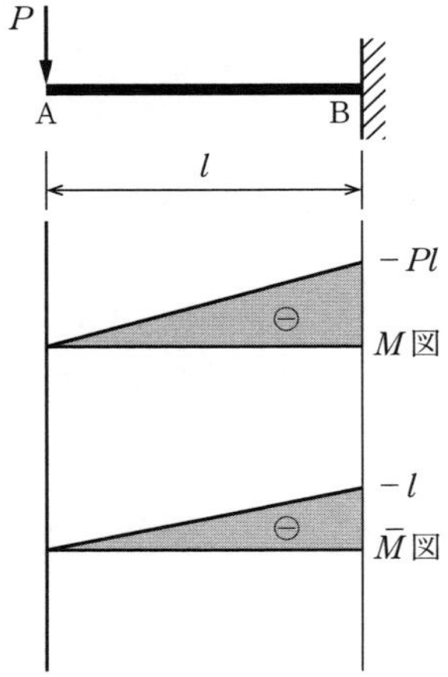

図 7.14 に示す片持ちばりについて，はり先端のたわみ δ_A を求める計算を公式化しなさい。ただし，はりの曲げ剛性は EI とする。

解答

この計算は，例題 7.3 と同じように

$$1 \cdot \delta_A = \int_0^l \frac{M\overline{M}}{EI}dx = \int_0^l \frac{(-Px)(-x)}{EI}dx$$
$$= \frac{P}{EI}\int_0^l x^2 dx = \frac{P}{EI}\left[\frac{x^3}{3}\right]_0^l = \frac{Pl^3}{3EI}$$

のように求められるが，$\int_0^l M\overline{M}dx$ の部分だけを取り出して考えると

$$\int_0^l M\overline{M}dx = \int_0^l (-Px)(-x)dx = \frac{1}{3}Pl^3$$

図 7.14

のようになる。すなわち，$M = -Px$ が1次式（三角形分布），$\overline{M} = -x$ も1次式（三角形分布）になる。このような場合には，係数として 1/3 を考え，それに積分区間長 l と M，$\overline{M}$ のそれぞれの三角形の高さを掛け合わせたものが積分値となっている。すなわち

$$\int_0^l M\overline{M}dx = \frac{1}{3} \times l \times (-Pl) \times (-l) = \frac{1}{3}Pl^3$$

となる。

穴埋め例題 7.5

図 7.15 に示す片持ちばりの左端での鉛直変位 v を求めよ。ただし，はりの曲げ剛性を EI とする。

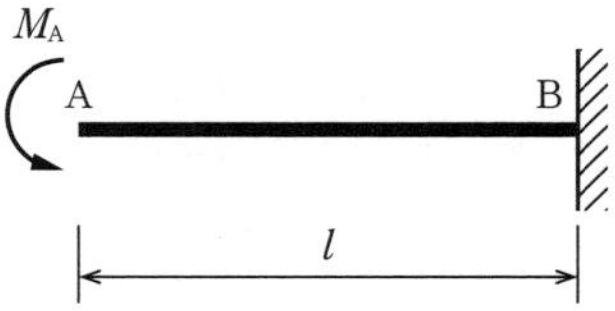

解答

この計算は，単位荷重法の公式を用いると

$$1 \cdot v = \int_0^l \frac{M\overline{M}}{EI}dx = \int_0^l \frac{(-M_A)(-x)}{EI}dx$$
$$= \frac{M_A}{EI}\int_0^l x dx = \frac{M_A}{EI}\left[\frac{x^2}{2}\right]_0^l = \frac{M_A l^2}{2EI}$$

図 7.15 はりの変位

のように求められるが，$\int_0^l M\overline{M}dx$ の部分だけを取り出して考えると

$$\int_0^l M\overline{M}dx = \boxed{}$$

のようになる。すなわち，M が一定（長方形分布），$\overline{M}$ が1次式（三角形分布）の場合には，係数 $\boxed{}$ に積分区間長 l を掛けた $l/2$ に長方形分布 M の高さと三角形分布 $\overline{M}$ の高さの積 $\boxed{}$ を掛けて計算した結果となっている。

表7.3 にいくつか代表的な積分公式を示す。例題7.4 はパターン (4)，穴埋め例題7.5 はパターン (2) に相当する。

表7.3 代表的な積分公式

パターン	M	$\overline{M}$	$\int_0^l M\overline{M}dx$
(1)	長方形 a	長方形 b	abl
(2)	長方形 a	三角形 b	$\frac{1}{2}abl$
(3)	三角形 a	長方形 b	$\frac{1}{2}abl$
(4)	三角形 a	三角形 b	$\frac{1}{3}abl$

7.4 カスティリアーノの定理

任意の点に外力 P_1, P_2, $\cdots$, P_n が作用していて，力の作用方向にそれぞれ，変位 v_1, v_2, $\cdots$, v_n が生じている状態でつり合っている弾性体を考える。このとき，この物体にはひずみエネルギー U が蓄えられている。このときの外力，変位，ひずみエネルギーの関係を表現したものがカスティリアーノの定理で，第1定理と第2定理がある。

7.4.1 カスティリアーノの第2定理

構造物に外力が作用し変形しているとき，蓄えられたひずみエネルギーを外力で偏微分したものが外力の作用方向への変位を表す。これを**カスティリアーノの第2定理**（Castigliano's second theorem）といい，次式で表現する。

$$\frac{\partial U}{\partial P_i} = v_i \tag{7.35}$$

例題 7.5

図 7.16 に示す片持ちばりの左端の鉛直変位 v を求めよ。ただし、はりの曲げ剛性を EI とする。

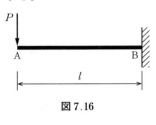

図 7.16

解答

ひずみエネルギー U は

$$U=\int_0^l \frac{M^2}{2EI}dx$$

と表されるが、曲げモーメント M は、左端から右方向に x 軸をとると、$M=-Px$ のように表されるから

$$U=\int_0^l \frac{M^2}{2EI}dx=\int_0^l \frac{P^2 x^2}{2EI}dx=\frac{P^2}{2EI}\left[\frac{x^3}{3}\right]_0^l=\frac{P^2 l^3}{6EI}$$

となる。

よって、カスティリアーノの第 2 定理より、左端の鉛直変位 v は

$$v=\frac{\partial U}{\partial P}=\frac{Pl^3}{3EI}$$

と求まる。

穴埋め例題 7.6

図 7.17 に示す単純ばり中央の鉛直変位 v を求めよ。ただし、はりの曲げ剛性を EI とする。

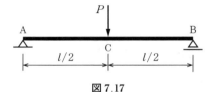

図 7.17

解答

ひずみエネルギーについては、点 A から右方向に x 軸をとると、$M=\frac{P}{2}x\left(0\leq x\leq \frac{l}{2}\right)$ のように表されるので（左右対称）

$$U=\int_0^l \frac{M^2}{2EI}dx=2\int_0^{l/2}\frac{M^2}{2EI}dx=\boxed{}$$

よって、カスティリアーノの第 2 定理より、はり中央の鉛直変位 v は

$$v=\frac{\partial U}{\partial P}=\boxed{}$$

と求まる。

7.4.2 カスティリアーノの第 1 定理

構造物に外力が作用し変形しているとき、蓄えられたひずみエネルギーを変位で偏微分したものが変位の方向への作用外力を表す。これを**カスティリアーノの第 1 定理**（Castigliano's first theorem) といい，次式で表現する。

$$\frac{\partial U}{\partial v_i} = P_i \tag{7.36}$$

7.5 相反作用の定理

説明にあたり，図 7.18 に示すような単純ばりを考える。図（a）では，点 i に集中荷重 P_i が作用したときの，点 j でのたわみ v_{ji} に着目する。一方，図（b）では，点 j に集中荷重 P_j が作用したときの，点 i でのたわみ v_{ij} に着目する。

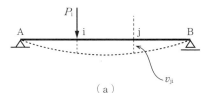

(a)

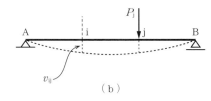

(b)

図 7.18

まず，仮想仕事の原理を用いて v_{ji} を求める。点 i に荷重 P_i が作用したときの曲げモーメントを M_i，点 j に単位荷重 1 が変位 v_{ji} の方向に作用したときの曲げモーメントを $\overline{M_j}$ とすると

$$v_{ji} = \int_0^l \frac{M_i \overline{M_j}}{EI} dx \tag{7.37}$$

となる。点 i に作用する荷重を P_i の代わりに 1 としたときの曲げモーメントを $\overline{M_i}$ と表現すると，$M_i = P_i \overline{M_i}$ なので

$$v_{ji} = \int_0^l \frac{M_i \overline{M_j}}{EI} dx = P_i \int_0^l \frac{\overline{M_i} \overline{M_j}}{EI} dx \tag{7.38}$$

となる。

つぎに，仮想仕事の原理を用いて v_{ij} を求める。点 j に荷重 P_j が作用したときの曲げモーメントを M_j，点 i に単位荷重 1 が変位 v_{ij} の方向に作用したときの曲げモーメントを $\overline{M_i}$ とすると

$$v_{ij} = \int_0^l \frac{\overline{M_i} M_j}{EI} dx \tag{7.39}$$

となる。点 j に作用する荷重を P_j の代わりに 1 としたときの曲げモーメントを $\overline{M_j}$ と表現すると，$M_j = P_j \overline{M_j}$ より

$$v_{ij} = \int_0^l \frac{\overline{M_i} M_j}{EI} dx = P_j \int_0^l \frac{\overline{M_i} \overline{M_j}}{EI} dx \tag{7.40}$$

となる。

式（7.38），（7.40）より，$v_{ji}/P_i = v_{ij}/P_j$ であるから

$$P_j v_{ji} = P_i v_{ij} \tag{7.41}$$

となる。この式の意味は，二つの同一の構造物において，荷重 P_i による点 j のたわみ v_{ji} と荷重 P_j とでなす仕事は，荷重 P_j による点 i のたわみ v_{ij} と荷重 P_i とでなす仕事に等しい。これを**ベッティの相反定理**（Betti's reciprocal theorem）という。

なお，ベッティの相反定理において，$P_i = P_j = 1$ とおいた特別の場合が**マックスウェルの相反定理**（Maxwell's reciplrocal theorem）である。すなわち

$$v_{ji} = v_{ij} \tag{7.42}$$

である。

7.6 最小仕事の原理

カスティリアーノの第2定理において，P_i を支点（変位 $v_i = 0$）における不静定反力（8章で学習する）とすれば，次式を得ることができる。

$$\frac{\partial U}{\partial P_i} = 0 \tag{7.43}$$

この式は，ひずみエネルギーは極値を持ち，ひずみエネルギーが最小になるように不静定反力が決まってくることを意味しており，**最小仕事の原理**（principle of least work）と呼ばれる。不静定構造物の解法として用いられる。

章 末 問 題

【7.1】 問図7.1に示すトラスの点Bの鉛直変位 v_B を求めよ。ただし，トラス部材の断面積は A，縦弾性係数は E，伸び剛性はすべて EA とする。

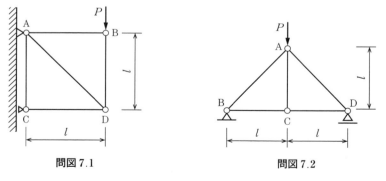

問図 7.1 問図 7.2

【7.2】 問図7.2に示すトラスの点Aの鉛直変位 v_A を求めよ。ただし，トラス部材の断面積は A，縦弾性係数は E，伸び剛性はすべて EA とする。

【7.3】 問図 7.3 に示すはりの点 B における鉛直変位 v_B を求めよ。ただし，はりの曲げ剛性を EI とする。

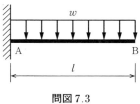

問図 7.3

【7.4】 問図 7.3 に示すはりの点 B におけるたわみ角 θ_B を求めよ。ただし，はりの曲げ剛性を EI とする。

【7.5】 問図 7.4 に示す単純ばりの中央の鉛直変位 v_C を求めよ。ただし，はりの曲げ剛性を EI とする。

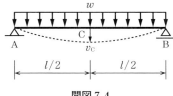

問図 7.4

8. 不静定ばり

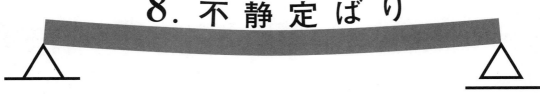

力のつり合いだけで解くことができた静定構造物と異なり,不静定構造物の場合には,力のつり合いに加え,変位の拘束条件も考慮して解くことになる。本章では応力法を用いた不静定ばりの解法について説明する。この方法は不静定次数が低い場合に適した方法である。

■ 8.1 応力法による解法（静定基本系による解法）

8.1.1 静定と不静定

これまで取り扱ってきた「はり」では,はりに作用する力のつり合いを2次元平面において考えるとき,以下の三つの力のつり合い条件式を考えた。

$$\left.\begin{array}{l}\sum H = 0 \\ \sum V = 0 \\ \sum M = 0\end{array}\right\} \tag{8.1}$$

支点反力の数が三つの場合には,支点反力の数（未知数の数）とつり合い条件式の数（方程式の数）が等しいため,連立方程式を解いて支点反力を決定することができた。このようなはりが静定ばりである。しかしながら,支点反力の数が3より大きくなるような支持の仕方をして,支点反力の数が3を超えるような場合には,未知数の数が条件式の数より大きくなってしまうため,このままでは解くことができない。このようなはりを**不静定ばり**（statically indeterminate beam）といい,その際,余分に現れる反力を**不静定反力**（statically indeterminate reaction）という。したがって,余分に現れた支点反力の数だけ別途条件式が必要となるが,これは,変形に関する拘束条件として与えられることになる。

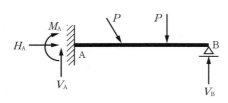

図8.1 不静定ばりの例

以上を具体例で説明する。**図 8.1**では,四つの支点反力（H_A, V_A, M_A, V_B）が現れているが,力のつり合い条件だけからは,これらを決定することができない。そのため,例えば,支点Bに生じる反力を不静定反力に選ぶとともに,支点Bによる上下方向の拘束を解除した構造（**静定基本系**

(statically determinate fundamental system) という）を考え，変形の拘束条件として，支点Bにおける上下方向の変位拘束条件（上下方向変位が0であるという条件）を課すことができる．なお，不静定反力の選び方や変形の拘束条件の与え方は複数の選び方があり得る．

いま，支点反力の数をrとするとき，それから条件式の数(3)を引いた$r-3$を不静定次数という．$r-3<0$の場合は不安定構造物で，静定ばりの場合は$r-3=0$となる．すなわち，静定ばりは，安定な構造であるが，一つでも支点による拘束度を緩めると不安定となってしまう．以下では，具体的な例題演習を通じて解法を説明する．

8.1.2 一端固定，他端ローラー，集中荷重が作用するはりの場合

例題 8.1

図 8.2（a）に示すように，長さlの不静定ばりに集中荷重Pが作用している．この時，はりのせん断力図（Q図）と曲げモーメント図（M図）を描く．ただし，はりの縦弾性係数をE，断面2次モーメントをIとする．

解答

ここでは，図（b）に示すように不静定反力Xを選ぶことにする．

図（c）に示すように，荷重Pのみ作用した場合の点Bでの下向き変位は

$$\delta_{B1} = \frac{P}{3EI}\left(\frac{l}{2}\right)^3 + \frac{P}{2EI}\left(\frac{l}{2}\right)^2 \frac{l}{2}$$

$$= \frac{Pl^3}{24EI} + \frac{Pl^2}{8EI}\frac{l}{2} = \frac{5Pl^3}{48EI}$$

つぎに，図（d）に示すように，不静定反力Xのみ作用した場合の点Bの下向き変位は

$$\delta_{B2} = -\frac{Xl^3}{3EI}$$

（下向き変位を正にとっているので，上向き変位は負の値となる）

変形の拘束条件は，点Bでの上下方向変位が0になるということであるから

$$\delta_B = \delta_{B1} + \delta_{B2} = 0$$

よって

$$\frac{5Pl^3}{48EI} - \frac{Xl^3}{3EI} = 0$$

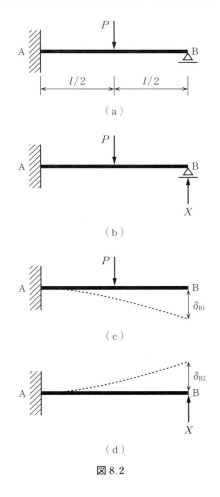

図 8.2

100　8. 不静定ばり

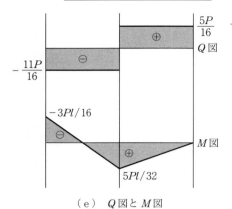

（e）Q図とM図

図 8.2　（つづき）

これから

$$X = \frac{5P}{16}$$

Q図，M図は，図（e）に示すとおりとなる。

穴埋め例題 8.1

図 8.3（a）に示すように，長さ l の不静定ばりに集中荷重 P が作用している。このとき，はりの Q 図と M 図を描く。ただし，はりの縦弾性係数を E，断面 2 次モーメントを I とする。

解答

ここでは，図（b）に示すように不静定反力 X を選ぶことにする。

図（c）に示すように，荷重 P のみ作用した場合の点 B での下向き変位は

つぎに，図（d）に示すように，不静定反力 X のみ作用した場合の点 B の下向き変位は

　　　　（下向き変位を正にとっているので，上向き変位は負の値となる）

変形の拘束条件は，点 B での上下方向変位が 0 になるということであるから

$$\delta_B = \delta_{B1} + \delta_{B2} = 0$$

よって

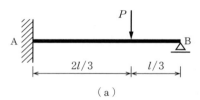

(a)

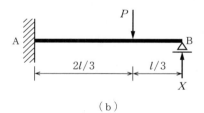

(b)

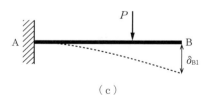

(c)

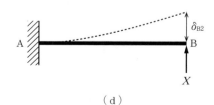

(d)

図 8.3

8.1 応力法による解法（静定基本系による解法）

これから

$X = $

Q図，M図は，図（e）に示すとおりとなる。

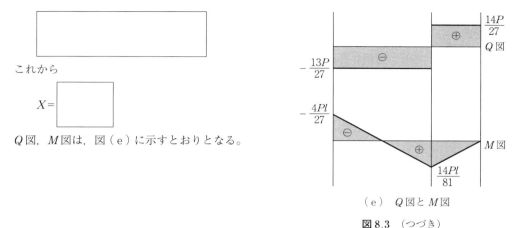

（e）　Q図とM図

図8.3　（つづき）

8.1.3　一端固定，他端ローラー，等分布荷重が作用するはりの場合

例題 8.2

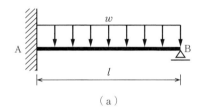

（a）

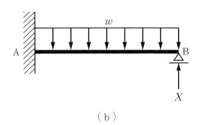

（b）

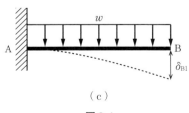

（c）

図8.4

図8.4（a）に示すように，長さlの不静定ばりに等分布荷重wが作用している。このとき，はりのQ図とM図を描く。ただし，はりの縦弾性係数をE，断面2次モーメントをIとする。

解答

ここでは，図（b）に示すように不静定反力Xを選ぶことにする。

図（c）に示すように，等分布荷重wのみ作用した場合の点Bでの下向き変位は

$$\delta_{B1} = \frac{wl^4}{8EI}$$

つぎに，図（d）に示すように，不静定反力Xのみ作用した場合の点Bの下向き変位は

$$\delta_{B2} = -\frac{Xl^3}{3EI}$$

変形の拘束条件は，点Bでの上下方向変位が0になるということであるから

$$\delta_B = \delta_{B1} + \delta_{B2} = 0$$

よって

$$\frac{wl^4}{8EI} - \frac{Xl^3}{3EI} = 0$$

8. 不静定ばり

（d）

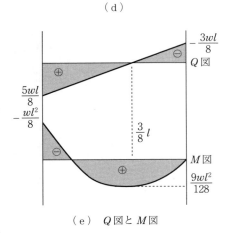

（e） Q図とM図

図8.4 （つづき）

これから

$$X = \frac{3wl}{8}$$

右側から左向きにx軸をとると，せん断力は以下のように表される。

$$Q = wx - \frac{3wl}{8}$$

曲げモーメントは，つぎのようになる。

$$M = -\frac{1}{2}wx^2 + \frac{3wl}{8}x$$

これは放物線であり，そのピークの位置は，曲げモーメントを微分した量が0になるxとして与えられる。

$$M' = -wx + \frac{3wl}{8} = 0$$

よって，曲げモーメントは$x = 3l/8$で極値をとり，その値は，以下のようになる。

$$M\left(\frac{3l}{8}\right) = -\frac{1}{2}w\frac{9}{64}l^2 + \frac{3wl}{8}\frac{3}{8}l = \frac{9}{128}wl^2$$

Q図，M図は，図(e)に示すとおりとなる。

穴埋め例題8.2

図8.4(a)に示した問題（**図8.5**(a)として再掲）を別の方法で解く。ここでは，図(b)に示すように，固定端での曲げモーメントを不静定力に選んでみる。

解答

図(c)に示すように，固定端での回転方向の拘束を緩めた静定構造物（この場合，単純ばりになる）を考え，それに等分布荷重wのみ作用した場合の点Aでのたわみ角は

$$\theta_{A1} = \boxed{}$$

つぎに，図(d)に示すように，不静定反力X（モーメント）のみ作用した場合の点Aでのたわみ角は

$$\theta_{A2} = \boxed{}$$

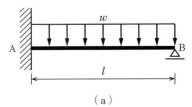

（a）

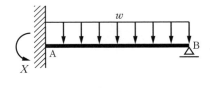

（b）

図8.5

変形の拘束条件は，点Aでのたわみ角が0になるということであるから

$$\theta_A = \theta_{A1} + \theta_{A2} = 0$$

よって

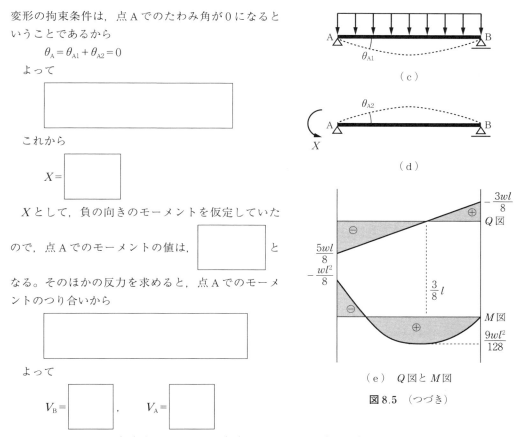

(c)

(d)

(e) Q図とM図

図8.5 （つづき）

これから

$$X = \boxed{}$$

Xとして，負の向きのモーメントを仮定していたので，点Aでのモーメントの値は，$\boxed{}$ となる。そのほかの反力を求めると，点Aでのモーメントのつり合いから

よって

$$V_B = \boxed{}, \quad V_A = \boxed{}$$

Q図，M図は，図（e）となり，図8.4（e）と同じになる（解く手順が違っても，答えは同じになる）。

8.1.4 ヒンジとローラー二つで支持され，等分布荷重が作用するはりの場合

例題 8.3

図8.6（a）は，長さlの単純ばりの中央にローラー支持を加えた不静定ばりに等分布荷重wが作用したものである。このとき，はりのQ図，M図を描く。ただし，はりの縦弾性係数をE，断面2次モーメントをIとする。

解答

ここでは，図（b）に示すように不静定反力Xを選ぶことにする。このようにすることによって，静定基本系として単純ばりを用いることができる。

図（c）に示すように，等分布荷重wのみ作用した場合の点Bでの下向き変位は

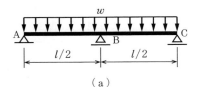

(a)

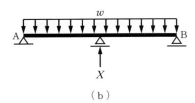

(b)

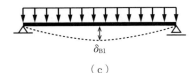

(c)

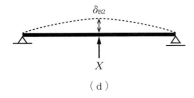

(d)

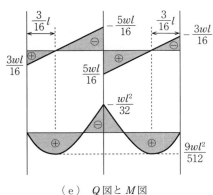

(e) Q図とM図

図 8.6

$$\delta_{B1} = \frac{5wl^4}{384EI}$$

つぎに，図（d）に示すように，不静定反力 X のみ作用した場合の点 B の下向き変位は

$$\delta_{B2} = -\frac{Xl^3}{48EI}$$

である。変形の拘束条件は，点 B での上下方向変位が 0 になるということであるから

$$\delta_B = \delta_{B1} + \delta_{B2} = 0$$

となる。よって

$$\frac{5wl^4}{384EI} - \frac{Xl^3}{48EI} = 0$$

これから

$$X = \frac{5wl}{8}$$

したがって，点 A，点 C での上向き支点反力は，$\frac{3wl}{16}$ となる。

左端から x 軸をとると，$0 \leq x \leq l/2$ では，せん断力 Q は以下のように表される。

$$Q = -wx + \frac{3wl}{16}$$

曲げモーメント M は，つぎのようになる。

$$M = -\frac{1}{2}wx^2 + \frac{3wl}{16}x$$

これは放物線であり，そのピークの位置は，曲げモーメントを x で微分した量 M' が 0 になるときの x として与えられる。

$$M' = -wx + \frac{3wl}{16} = 0$$

よって，$x = \frac{3l}{16}$ で極値をとり，その値は，以下のようになる。

$$M\left(\frac{3l}{16}\right) = -\frac{1}{2}w\frac{9}{256}l^2 + \frac{3wl}{16}\frac{3}{16}l = \frac{9}{512}wl^2$$

一方，右端から x 軸をとって $0 \leq x \leq l/2$ の範囲で考えると

$$Q = wx - \frac{3wl}{16}$$

$$M = -\frac{1}{2}wx^2 + \frac{3wl}{16}x$$

Q 図，M 図は，図（e）に示すとおりとなる。

穴埋め例題 8.3

図 8.7（a）は，長さ $2l$ の単純ばりの中央にローラー支持を加えた不静定ばりに等分布荷重 w が作用したものである。このとき，はりの Q 図，M 図を描け。ただし，はりの縦弾性係数を E，断面 2 次モーメントを I とする。

解答

ここでは，図（b）に示すように不静定反力 X を選ぶことにする。このようにすることによって，静定基本系として単純ばりを用いることができる。

図（c）に示すように，等分布荷重 w のみ作用した場合の点 B での下向き変位は

$$\delta_{B1} = \boxed{}$$

つぎに，図（d）に示すように，不静定反力 X のみ作用した場合の点 B の下向き変位は

$$\delta_{B2} = \boxed{}$$

となる。変形の拘束条件は，点 B での上下方向変位が 0 になるということであるから

$$\delta_B = \delta_{B1} + \delta_{B2} = 0$$

である。よって

これから

$$X = \boxed{}$$

したがって，点 A，点 C での上向き支点反力は，

となる。

左側から x 軸をとると，$0 \leq x \leq l$ では，せん断力 Q は以下のように表される。

$$Q = \boxed{}$$

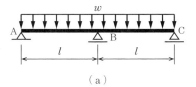

(a)

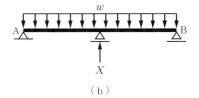

(b)

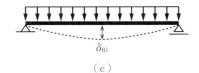

(c)

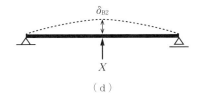

(d)

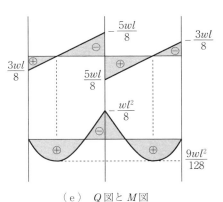

(e) Q 図と M 図

図 8.7

106   8. 不静定ばり

曲げモーメント M は，つぎのようになる。

$$M = \boxed{}$$

これは放物線であり，そのピークの位置は，曲げモーメントを微分した量 M' が 0 になる x として与えられる。

$$M' = \boxed{}$$

よって，$x = \boxed{}$ で極値をとり，その値は，以下のようになる。

$$M\left(\frac{3l}{8}\right) = \boxed{}$$

一方，右端から x 軸をとって $0 \leq x \leq l$ の範囲で考えると

$$Q = wx - \frac{3wl}{8}$$

$$M = -\frac{1}{2}wx^2 + \frac{3wl}{8}x$$

Q 図，M 図は，図（e）に示すとおりとなる。

8.1.5 不静定ばり解法の手順

以上をまとめると，不静定ばり解法の手順は，以下のようになる。

1. 不静定反力 X を選ぶ。
2. 不静定反力に対応する拘束を緩めてできた静定構造物（静定基本系）を，荷重のみ作用する静定構造物と不静定力のみ作用する静定構造物とに分ける。
3. それぞれの静定構造物の変位を求める。
4. 重ね合わせの原理に基づき，手順 3 で求めた変位を足し合わせ，その結果に変位の拘束条件を課して，不静定力 X を決定する。
5. せん断力分布と曲げモーメント分布を求める。その方法は 2 種類ある。
   (1) 元の不静定構造物に荷重と求めた不静定反力の両方を作用させ，せん断力分布と曲げモーメント分布を求める。
   (2) 二つの静定構造物にそれぞれ荷重のみ，不静定反力のみを作用させ，ぞれぞれのせん断力分布と曲げモーメント分布を求め，重ね合わせる。

8.1.6 一般的な荷重載荷への対応（たわみやたわみ角を求める公式が使えない場合）

ここまで応力法を用いた不静定ばりの解法について説明してきたが，その途中段階で，2種類のたわみ（たわみ角）を求める必要があった。すなわち，

① 実荷重のみが作用する系の変位
② 不静定力のみが作用する系の変位

前項までで説明してきた例のような基本的な構造物や荷重ケースで，たわみやたわみ角の公式（付表 2 参照）が使える場合にはそれを使えばいいが，公式を使えない場合には，例えば，仮想仕事の原理などを使ってたわみを求めなくてはならない。すなわち

$$\delta = \int_0^l \frac{M\overline{M}}{EI}dx \qquad (8.2)$$

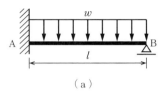

(a)

を使って，たわみを求めることを考えると，①，②のそれぞれの場合について，M と $\overline{M}$ を求める必要があり，合計四つもの曲げモーメント分布を求めなくてはならない。本項では，これを要領よく行う方法について**図 8.8（a）**の具体例を示しながら考える。ただし，ここでは，一般的な荷重状態を想定し，たわみを求める公式は使えないものとする。

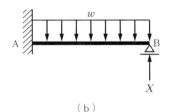

(b)

まずは 8.1.3 項と同様に不静定反力 X を設定する（図（b））。つぎに，図（c）に示すように，支点 B を取り除き，実荷重である等分布荷重 w のみ作用した場合の系と図（d）のように不静定力 X のみが作用した系を考え，さらに，図（d）に示した系において $X=1$ とした系を図（e）として用意する。本書では図（c）に示した系を「実荷重のみが作用する系」あるいは「第 0 系」と呼ぶことにする。また，図（e）に示した系を第 1 系と呼び，図（d）の不静定力 X のみが作用した系は第 1 系の X 倍で表現できると考える。すなわち，元の構造物の変位 δ は，実荷重のみが作用する系の変位 δ_0 と $X=1$ のみが作用する系の変位 δ_1 の X 倍の和で表現できる。

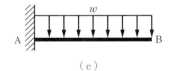

(c)

(d)

$$\delta = \delta_0 + \delta_1 X \qquad (8.3)$$

ここまでが準備段階で，図（c）と図（d）の系を重ね合わせ点 B での変位の拘束条件を考慮したものが図（a）（元の構造）であるとするのは本項以前と同じである。

(e)

図 8.8

さて，以上の準備を終えた後，図（c）と図（e）の系の変位 δ_0，δ_1 を求めるにあたって考えたいことは変位の向きを統一することである。ここでは，<u>不静定反力 X を上向きに設定</u>したが，その向きの変位を正の方向（＋）と考えることにする（実荷重が作用する下向きを＋に統一する方法も可能である）。

その上で，以下の公式を用いて第0系の変位を求めることを考える。

$$\delta_0 = \int_0^l \frac{M_0 \overline{M_0}}{EI} dx$$

ここで，M_0 は実荷重による曲げモーメントである。注意すべきは $\overline{M_0}$ で，これは仮想荷重による曲げモーメントで，点Bに単位荷重1を<u>上向き</u>に作用させて考える（第7章で述べたように，仮想荷重は，変位を求めたい場所に求めたい方向に1を作用させる）。図8.8に示した例では，x 軸を点Bから左方向にとると

$$M_0 = -\frac{1}{2} wx^2, \qquad \overline{M_0} = x$$

となる。よって

$$\delta_0 = \int_0^l \frac{M_0 \overline{M_0}}{EI} dx = \frac{1}{EI} \int_0^l \left(-\frac{1}{2} wx^2\right) x dx = -\frac{wl^4}{8EI}$$

つぎに，$X=1$ のみが作用する系（図（e））の変位 δ_1 を考えると

$$\delta_1 = \int_0^l \frac{M_1 \overline{M_1}}{EI} dx$$

となる。ここで，M_1 は $X=1$ が作用する場合の曲げモーメント分布で，$\overline{M_1}$ は，仮想荷重1が作用する場合の曲げモーメント分布で，これらは同じものとなる。すなわち，x 軸を点Bから左方向にとると

$$M_1 = \overline{M_1} = x$$

となる。さらに，これらは $\overline{M_0}$ とも同じものとなる。よって

$$\delta_1 = \int_0^l \frac{M_1 \overline{M_1}}{EI} dx = \frac{1}{EI} \int_0^l x \, x dx = \frac{l^3}{3EI}$$

となる。求めた δ_0，δ_1 を $\delta = \delta_0 + \delta_1 X = 0$ に適用すると

$$-\frac{wl^4}{8EI} + \frac{l^3}{3EI} X = 0$$

となるので

$$X = \frac{3wl}{8}$$

のように不静定反力 X を求めることができる。

以上からわかったことは，不静定ばりを解く際，たわみやたわみ角の公式を使うことが困

難な場合には、元の系を実荷重のみが作用する系と不静定反力 $X=1$ とした系に分けて考え、それぞれの変位の正の向きを統一して仮想仕事の原理を適用すると、$\overline{M_0}=M_1=\overline{M_1}$ となることから、本来、4種類の曲げモーメントを求めなくてはならないところ、M_0 ともう一つの合計2種類で済むことになり、計算上の大きなメリットとなる。この方法は、次章で不静定トラスの計算をする時にも仮想仕事の原理を使うので、役立つ方法である。

8.2 複合構造

ここまでは、はりのみからなる構造を考えてきたが、本節では、はりが他の部材とともに構造物をなす複合構造について考える。この場合にも不静定構造となるが、変形に関する条件を付加することによって、以前と同様、解くことができる。

例題 8.4

図8.9(a)は、はりとばね（ばね定数 k）からなる不静定構造である。この時、点Bでの鉛直変位を求める。ただし、はりの縦弾性係数を E、断面2次モーメントを I とする。

解答

図(b)に示すように、点Bにおいてはりとばねを分離して考える。その際、両者の間に働いていた力 X を不静定力として考える。点Bにおけるはりのたわみは

$$\delta_{B1}=\frac{(P-X)l^3}{3EI}$$

である。一方、ばねの鉛直変位は

$$\delta_{B2}=\frac{X}{k}$$

である。これらが等しいので、$\delta_{B1}=\delta_{B2}$ である。よって

$$\frac{(P-X)l^3}{3EI}=\frac{X}{k}$$

となる。これを整理すると

$$\left(\frac{1}{k}+\frac{l^3}{3EI}\right)X=\frac{Pl^3}{3EI}$$

となるので

$$X=\frac{Pl^3}{3EI}\frac{3EIk}{3EI+kl^3}=\frac{P}{1+3EI/(kl^3)}$$

となる。したがって、点Bでの変位は

$$\delta_B=\frac{X}{k}=\frac{P}{k+3EI/l^3}$$

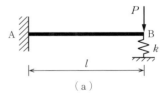

(a)

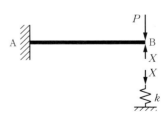

(b)

図8.9

章 末 問 題

【8.1】 問図 8.1 に示す不静定ばり（曲げ剛性 EI）について，点 B での支点反力を求めよ。

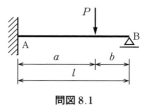

問図 8.1

【8.2】 問図 8.2 に示す不静定ばり（曲げ剛性 EI）について，点 B での支点反力を求めよ。

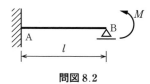

問図 8.2

【8.3】 問図 8.3 に示す不静定ばり（曲げ剛性 EI）について，両端での支点反力を求めよ。

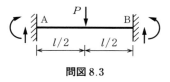

問図 8.3

【8.4】 問図 8.4 に示す不静定ばり（曲げ剛性 EI）について，曲げモーメント分布（数式）を求めよ。

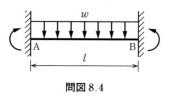

問図 8.4

【8.5】 問図 8.5 に示す不静定ばり（曲げ剛性 EI）について，点 B での支点反力を求めよ。

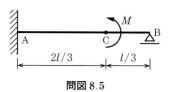

問図 8.5

9. 不静定トラス

　第4章では静定トラスを学んだが，実際のトラス構造物はより複雑な不静定トラスが用いられることが多い。不静定トラスは力のつり合い式のみでは解けず，変形の適合条件式が必要となる。本章ではこの解法を学ぶ。

9.1　不静定次数

　トラスの部材総数 m と節点（支点を含む）総数 j との間に

$$m + 3 = 2j \tag{9.1}$$

の関係がある場合は，支点反力が既知であれば静定トラスであり，力のつり合い式を用いて各部材の部材力を求めることができる。

　しかし，図9.1に示す2径間連続トラスにおいては，$m=19$，$j=11$ であり，$m+3=2j$ を満足するが，反力の総数は4であるのに対し，つり合い式の総数は3であるため，$(4-3)=1$ すなわち1次の不静定構造である。このようなトラスを**外的不静定トラス**（external statically indeterminate truss）という。

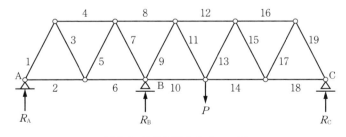

図 9.1　外的不静定トラスの例

　一方，図9.2のトラスは反力の総数は3であり，つり合い式の総数も3であるため，外的には静定である。しかし，$m=6$，$j=4$，$m+3-2j=1$ となり1次の不静定構造である。このようなトラスを，**内的不静定トラス**（internal statically indeterminate truss）という。不静定次数 n は

$$n = m + 3 - 2j \tag{9.2}$$

9. 不静定トラス

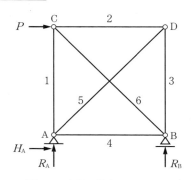

図 9.2 内的不静定トラスの例

で求められる。

穴埋め例題 9.1

図 9.3 に示すトラスの不静定次数を求めよ。

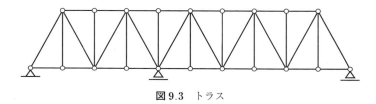

図 9.3 トラス

解答

$m = \boxed{}$, $j = \boxed{}$ であり，$\boxed{}$ を満足するが，反力の総数は 4 であるのに対し，つり合い式の総数は 3 であるため，$(4-3)=1$, すなわち 1 次の外的不静定構造である。

穴埋め例題 9.2

図 9.4 に示すトラスの不静定次数を求めよ。

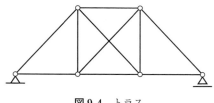

図 9.4 トラス

解答

反力の総数は 3 であり，つり合い式の総数も 3 であるため，外的には静定である。しかし，$m =$

☐, $j=$ ☐, $m+3-2j=$ ☐ となり1次の内的不静定構造である。

9.2 外的不静定トラス

外的トラスの解析法を**図9.5**に示す2径間連続トラス（与系）を例にして示す。不静定トラスは力のつり合い式のみでは解けず，**変形の適合条件式**（compatibility equation）が必要となる。そこで，不静定ばりの解法と同様に，不静定次数の数だけ支持拘束を解き，静定基本系を作成する。この例では，点Bの支点を外して静定基本系とし，**図9.6**に示すように外力を作用させる（S_0荷重系）。これとは別に，静定基本系に**図9.7**に示すように単位不静定力 $X_1=1$ を点Bに作用させる（S_1荷重系）。なお，求める不静定力 X_1 は R_B に等しい。点Bでは，鉛直変位は生じないため，S_0荷重系によるたわみ δ_{10} と S_1荷重系によるたわみ δ_{11} は

$$\delta_{10} + \delta_{11} X_1 = 0 \tag{9.3}$$

の関係にある。これが変形の適合条件式である。仮想力の原理を用いて

$$\delta_{10} = \sum \frac{S_0 S_1 l}{EA}, \qquad \delta_{11} = \sum \frac{S_1 S_1 l}{EA} \tag{9.4}$$

と表せる。ここで，S_0：S_0荷重系での部材力，S_1：S_1荷重系での部材力，l：部材長，EA：伸び剛性，である。$\rho = l/EA$ とすると

$$\delta_{10} = \sum S_0 S_1 \rho, \qquad \delta_{11} = \sum S_1 S_1 \rho \tag{9.5}$$

となる。以上より，不静定反力は

$$R_B = X_1 = -\delta_{10}/\delta_{11} \tag{9.6}$$

と求められる。また，与系の部材力は

$$S = S_0 + S_1 X_1 \tag{9.7}$$

である。

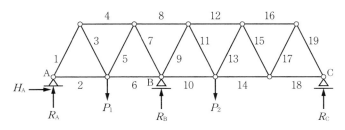

図9.5 2径間連続トラス（与系）

114   9. 不静定トラス

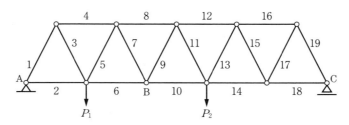

図9.6 2径間連続トラスの静定基本系（S_0荷重系）

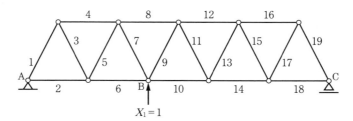

図9.7 2径間連続トラスの静定基本系（S_1荷重系）

穴埋め例題 9.3

図9.8 に示す外的1次不静定トラスである2径間連続トラスの反力および部材力を求めよ。ただし，各部材の伸び剛性 EA はすべて同じとする。

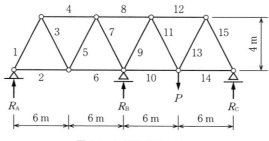

図9.8 2径間連続トラス

解答

点Bの支点を外して静定基本系とし，**図9.9** に示すように外力を作用させる（S_0荷重系）。これとは別に，静定基本系に **図9.10** に示すように単位不静定力 $X_1=1$ を点Bに作用させる（S_1荷重系）。これら二つの系における部材力を4.3節で学習した節点法もしくは断面法で求める。

これらの部材力および式 (9.4) により求められる δ_{10} と δ_{11} を**表9.1**に記入する。

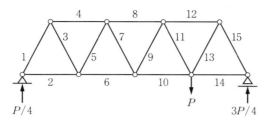

図 9.9 S_0 荷重系

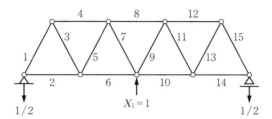

図 9.10 S_1 荷重系

表 9.1 計算結果のまとめ

部材	l	S_0	S_1	δ_{10}	δ_{11}	$S_1 X_1$	S
1	5					3.140	0.080
2	6					−1.884	−0.048
3	5					−3.140	−0.080
4	6					3.768	0.096
5	5					3.140	0.080
6	6					−5.652	−0.144
7	5					−3.140	−0.080
8	6					7.536	0.192
9	5					−3.140	−0.705
10	6					−5.652	0.231
11	5					3.140	0.705
12	6					3.768	−0.654
13	5					−3.140	0.545
14	6					−1.884	0.327
15	5					3.140	−0.545
∑	—	—	—	−4 240	3 376	—	—
単位	m	$P/16$	$1/8$	$P/128EA$	$1/64EA$	$P/8$	P

そして，式 (9.6) より不静定力 X_1 が求められる．

$$R_B = X_1 = -\frac{\delta_{10}}{\delta_{11}} = -\frac{\left(-4\,240 \times \dfrac{P}{128EA}\right)}{3\,376 \times \left(\dfrac{1}{64EA}\right)} = \boxed{}$$

さらに，式 (9.7) より部材力が表 9.1 に示すように求められる．

穴埋め例題 9.4

図9.11 に示す外的1次不静定トラスの反力および部材力を求めよ。ただし，各部材の伸び剛性 EA はすべて同じとする。

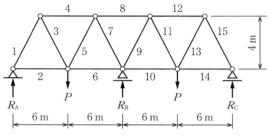

図 9.11 外的1次不静定トラス

解答

点Bの支点を外して静定基本系とし，図9.12 に示すように外力を作用させる（S_0 荷重系）。これとは別に，静定基本系に図9.13 に示すように単位不静定力 $X_1=1$ を点Bに作用させる（S_1 荷重系）。これら二つの系における部材力を 4.3 節で学習した節点法もしくは断面法で求める。

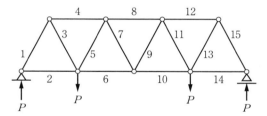

図 9.12 S_0 荷重系

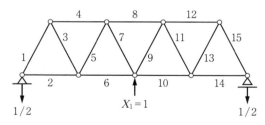

図 9.13 S_1 荷重系

これらの部材力および式 (9.4) により求められる δ_{10} と δ_{11} を表9.2 に記入する。

表 9.2 計算結果のまとめ

部材	l	S_0	S_1	δ_{10}	δ_{11}	$S_1 X_1$	S
1	5					6.280	-0.465
2	6					-3.768	0.279
3	5					-6.280	0.465
4	6					7.536	-0.558
5	5					6.280	0.785
6	6					-11.303	0.087
7	5					-6.280	-0.785
8	6					15.071	0.384
9	5					-6.280	-0.785
10	6					-11.303	0.087
11	5					6.280	0.785
12	6					7.536	-0.558
13	5					-6.280	0.465
14	6					-3.768	0.279
15	5					6.280	-0.465
Σ	—	—	—	-2 120	3 376	—	—
単位	m	$P/4$	$1/8$	$P/32EA$	$1/64EA$	$P/8$	P

そして，式 (9.6) より不静定力 X_1 が求められる。

$$R_B = X_1 = -\frac{\delta_{10}}{\delta_{11}} = -\frac{\left(-2\,120 \times \dfrac{P}{32EA}\right)}{3\,376 \times \left(\dfrac{1}{64EA}\right)} = \boxed{}$$

さらに，式 (9.7) より部材力が表 9.2 に示すように求められる。

9.3 内的不静定トラス

内的トラスの解析法をつぎの例題を通じて解説する。

穴埋め例題 9.5

図 9.14 に示す内的 1 次不静定トラスの部材力を求めよ。ただし，各部材の伸び剛性 EA はすべて同じとする。

解答

このトラスは $j=4$，$m=6$ であるから，$n=6+3-2\times4=1$ となり 1 次の不静定トラスである。不静定次数の数だけ部材を切断して，静定基本系を作成する。この例では，図 9.15 に示すように BC 部材を切断したトラスを静定基本系とする。そして，図 9.16 に示すように外力を作用させる（S_0

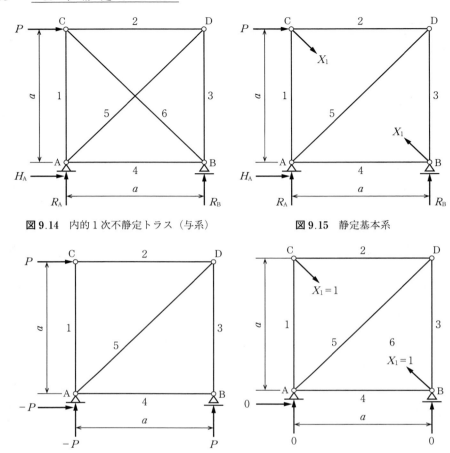

図 9.14　内的 1 次不静定トラス（与系）　　図 9.15　静定基本系

図 9.16　S_0 荷重系　　図 9.17　S_1 荷重系

荷重系）。これとは別に，静定基本系に図 9.17 に示すように単位不静定力 $X_1=1$ を BC 部材の両端に作用させる（S_1 荷重系）。なお，求める不静定力は $X_1=S_6$ である。BC 間距離の変化量 δ は，S_0 荷重系によるたわみ δ_{10} と S_1 荷重系によるたわみ δ_{11} を足し合わせたものである（適合条件式）。

$$\delta = \delta_{10} + \delta_{11} X_1 \tag{9.8}$$

仮想力の原理を用いて

$$\delta_{10} = \sum \frac{S_0 S_1 l}{EA}, \quad \delta_{11} = \sum \frac{S_1 S_1 l}{EA} \tag{9.9}$$

と表される。ここで，S_0：S_0 荷重系での部材力，S_1：S_1 荷重系での部材力，l：部材長，EA：伸び剛性，である。この BC 間距離の変化量 δ は，BC 部材の両端に不静定力 X_1 を作用させるときの部材の縮み量に等しい。縮み量は

$$\delta = -\frac{X_1 l_{BC}}{EA} \tag{9.10}$$

であるため

$$\sum \frac{S_0 S_1 l}{EA} + X_1 \sum \frac{S_1 S_1 l}{EA} = -X_1 \frac{l_{BC}}{EA} \tag{9.11}$$

9.3 内的不静定トラス

となる。ここで、$\rho = l/EA$ および BC 部材で $S_1 = 1$ とすると

$$\delta_{10} = \sum S_0 S_1 \rho, \quad \delta_{11} = \sum S_1 S_1 \rho \tag{9.12}$$

となり、不静定反力は以下のように求められる。

$$\delta_{10} + \delta_{11} X_1 = 0, \quad \therefore \quad S_6 = X_1 = -\frac{\delta_{10}}{\delta_{11}} \tag{9.13}$$

また、与系の部材力は

$$S = S_0 + S_1 X_1 \tag{9.14}$$

で求められる。

図 9.16 に示すように S_0 荷重系に外力を作用させる場合と、図 9.17 に示すように S_1 荷重系に単位不静定力 $X_1 = 1$ を点 B および点 C に作用させる場合の部材力を 4.3 節で学習した節点法もしくは断面法で求める。これらの部材力および式 (9.13) により求められる δ_{10} と δ_{11} を**表 9.3** に記入する。

表 9.3 計算結果のまとめ

部材	ρ	S_0	S_1	δ_{10}	δ_{11}	$S_1 X_1$	S
1	1					$1/2$	$1/2$
2	1					$1/2$	$-1/2$
3	1					$1/2$	$-1/2$
4	1					$1/2$	$1/2$
5	$\sqrt{2}$					$-1/\sqrt{2}$	$1/\sqrt{2}$
6	$\sqrt{2}$	—				$-1/\sqrt{2}$	$-1/\sqrt{2}$
$\sum$	—	—	—	$2+\sqrt{2}$	$2(1+\sqrt{2})$	—	—
単位	a/EA	P	—	Pl/EA	l/EA	P	P

そして、式 (9.6) より不静定力 X_1 が求められる。

$$S_6 = X_1 = -\frac{\delta_{10}}{\delta_{11}} = \boxed{}$$

さらに、式 (9.14) より部材力が表 9.3 に示すように求められる。

穴埋め例題 9.6

図 9.18 に示す内的 1 次不静定トラスの部材力を求めよ。ただし、各部材の伸び剛性 EA はすべて同じとする。

解答

このトラスは $j = 4$、$m = 6$ であるから、$n = 6 + 3 - 2 \times 4 = 1$ となり 1 次の不静定トラス（与系）である。不静定次数の数だけ部材を切断して、静定基本系を作成する。この例では、図 9.19 に示すように BC 部材を切断したトラスを静定基本系とする。

図 9.20 に示すように S_0 荷重系に外力を作用させる場合と、図 9.21 に示すように S_1 荷重系に単位不静定力 $X_1 = 1$ を点 B に作用させる場合の部材力を 4.3 節で学習した節点法もしくは断面法で求める。これらの部材力および式 (9.13) により求められる δ_{10} と δ_{11} を**表 9.4** に記入する。

9. 不静定トラス

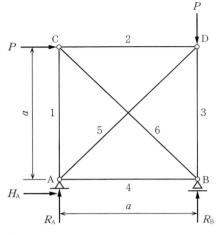

図9.18 内的1次不静定トラス（与系）

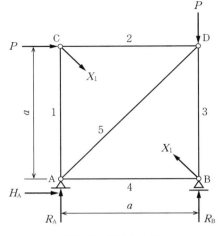

図9.19 静定基本系

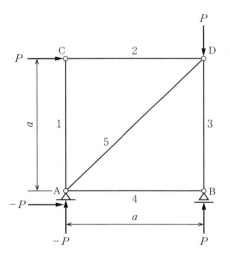

図9.20 S_0 荷重系

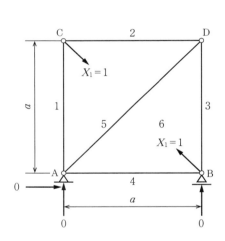

図9.21 S_1 荷重系

表9.4 計算結果のまとめ

部材	ρ	S_0	S_1	δ_{10}	δ_{11}	$S_1 X_1$	S
1	1					0.603	0.603
2	1					0.603	-0.397
3	1					0.603	-1.397
4	1					0.603	0.603
5	$\sqrt{2}$					-0.854	0.560
6	$\sqrt{2}$		—			-0.854	-0.854
Σ	—	—	—	$(4+\sqrt{3})/2$	$2+2\sqrt{2}$	—	—
単位	a/EA	P	—	Pl/EA	l/EA	P	P

そして，式 (9.6) より不静定力 X_1 が求められる．

$$S_6 = X_1 = -\frac{\delta_{10}}{\delta_{11}} = \boxed{}$$

さらに，式 (9.14) より部材力が表 9.4 に示すように求められる．

穴埋め例題 9.7

図 9.22 に示す内的 1 次不静定トラスの部材力を求めよ．ただし，部材 1 の断面積は $3\sqrt{2}A$，部材 2 の断面積は $3A$，部材 3 の断面積は $5A$，縦弾性係数は一定で E とする．

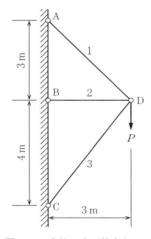

図 9.22 内的 1 次不静定トラス

解答

図 9.23 に示すように S_0 荷重系に外力を作用させる場合と，**図 9.24** に示すように S_1 荷重系に単位不静定力 $X_1 = 1$ を点 B に作用させる場合の部材力を 4.3 節で学習した節点法もしくは断面法で求める．これらの部材力および式 (9.13) により求められる δ_{10} と δ_{11} を**表 9.5** に記入する．

そして，式 (9.6) より不静定力 X_1 が求められる．

$$S_2 = X_1 = -\frac{\delta_{10}}{\delta_{11}} = \boxed{}$$

さらに，式 (9.14) より部材力が表 9.5 に示すように求められる．

9. 不静定トラス

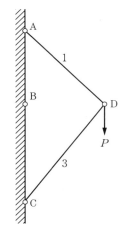
図 9.23 S_0 荷重系

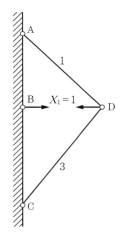
図 9.24 S_1 荷重系

表 9.5 計算結果のまとめ

部材	l	A	ρ	S_0	S_1	δ_{10}	δ_{11}	$S_1 X_1$	S
1	$3\sqrt{2}$	$3\sqrt{2}$	1					$2\sqrt{2}/371$	$23\sqrt{2}/53$
2	3	3	1	—				$-1/106$	$-1/106$
3	5	5	1					$5/742$	$-75/106$
Σ	—	—	—	—		$1/49$	$106/49$	—	—
単位	m	A	m/EA	P	—	P/EA	$1/EA$	P	P

章 末 問 題

【9.1】 問図 9.1 に示す外的 1 次不静定トラスである 2 径間連続トラスの反力および部材力を求めよ。ただし，各部材の縦弾性係数を E，断面積を A とし，伸び剛性 EA はすべて同じとする。

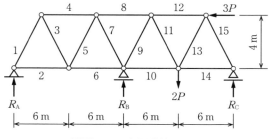

問図 9.1　2 径間連続トラス

【9.2】 問図 9.2 に示す内的 1 次不静定トラスの部材力を求めよ。ただし，縦弾性係数を E，断面積を A とし，各部材の伸び剛性 EA はすべて同じとする。

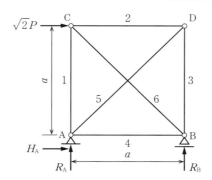

問図 9.2 内的 1 次不静定トラス

【9.3】 問図 9.3 に示す内的 1 次不静定トラスの部材力を求めよ。ただし，部材 1 の断面積は $3\sqrt{2}\,A$，部材 2 の断面積は $3A$，部材 3 の断面積は $5A$，縦弾性係数は一定で E とする。

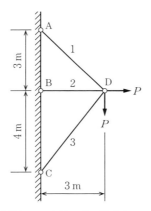

問図 9.3 内的 1 次不静定トラス

10. 長柱と短柱

　細く長いまっすぐな針金の両端に圧縮力を加えてゆくと針金は曲がり，この圧縮力が座屈荷重に達すると，この圧力に耐えきれなくなった針金は折れ曲がってしまう。一般に，座屈荷重は材料の持つ強度よりも小さく，材料力学で扱う引張や圧縮強度とは異なる。

　本章では，はりのたわみの微分方程式を用いて，両端ヒンジ支持された長柱の座屈荷重 P_{cr} を求める。また，P_{cr} を基準とした，端部の条件が異なる場合の座屈荷重についても学習する。さらに，P_{cr} に対する柱断面に生ずる応力を求め材料力学で学ぶ工業用軟鋼の降伏点での応力と比較し，長柱の設計に関する概要を学ぶ。

　短柱は，矩形断面や円形断面を持つ短柱の転倒問題を扱う。応用問題としてダムや擁壁などの転倒に対する安全性について述べる。

■ 10.1　長柱：オイラーの座屈荷重

　図10.1（a）は両端がヒンジのはりに**座屈荷重**（buckling load, critical value of the load）P_{cr} が圧縮力として作用し，曲げ変形を生じてつり合っている状態を示してある。図（b）は点 x での部材に作用する断面力を示してある。図（b）に示す $M=P_{cr}y$（この M は，はりの下曲げに相当するので＋方向としてある）をはりのたわみを学習したときの**たわみの微分方程式**（differential equation for flexural deflection）（式（5.22））に代入すると次式を得ることができる。

$$\frac{d^2y}{dx^2}=-\frac{M}{EI}=-\frac{P_{cr}}{EI}y \tag{10.1}$$

　書き換えると，次式のような2階定数係数同次微分方程式を得ることができる。ここで，式（10.2）の左辺第2項は，はりの場合のように x ではなく y の関数になっていることに注意しよう。

$$\frac{d^2y}{dx^2}+\frac{P_{cr}}{EI}y=0 \tag{10.2}$$

　ここで，簡単のため

$$\alpha^2=\frac{P_{cr}}{EI} \tag{10.3}$$

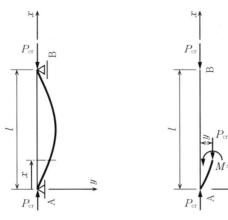

(a) 両端ヒンジの単純ばり　　(b) 曲げ部材のつり合い

図 10.1 両端ヒンジの長柱

とおいて整理すると，式 (10.2) は次式のようになる．

$$\frac{d^2y}{dx^2} + \alpha^2 y = 0 \tag{10.4}$$

式 (10.4) は，減衰項のない自由振動方程式と同じ形をしており，時間 t を位置 x に置き換えただけの式である．式 (10.4) の特性方程式の解は複素数で $\pm \alpha i$ ($i = \sqrt{-1}$) となり，一般解は，次式のようになる[1]．

$$y = C_1 \sin \alpha x + C_2 \cos \alpha x \tag{10.5}$$

ここで，境界条件 ($x = 0$ (点 A)，$y = 0$) から，$C_2 = 0$ が，($x = l$ (点 B)，$y = 0$) から次式が求まる．

$$C_1 \sin \alpha l = 0 \tag{10.6}$$

式 (10.6) より $C_1 = 0$，または $\sin \alpha l = 0$ となる．いま，$C_1 = 0$ とした場合，柱 AB はまっすぐで曲がらないことになる．また，$\sin \alpha l = 0$ の場合には，$\alpha l = n\pi$ ($n = 1, 2, 3 \cdots$) となり，$\alpha = n\pi/l$ となる．この α を式 (10.3) に代入して整理すると次式となる．

$$P_{cr} = \frac{n^2 \pi^2 EI}{l^2} \tag{10.7}$$

結局，P_{cr} は $n = 1$ のときに最小になるので，座屈荷重は式 (10.7) を書き換えて次式のように表す．

$$\boxed{P_{cr} = \frac{\pi^2 EI}{l^2}} \tag{10.8}$$

式 (10.8) は**オイラーの座屈荷重**（Euler's buckling load）としてよく知られた式である．式 (10.8) 中にある断面 2 次モーメント I は，断面が円形（断面の図心を通るどこの軸を基

準に I を計算しても同じ：どちらの方向に座屈するかわからない）の場合は別として，I が最小値をとる断面軸 σI_{min} で曲がろうとするので，この値を代入しなければならない．

式 (10.8) を部材の断面積 A で除した量 σ_{cr} を **座屈応力**（buckling stress）と呼び，次式のように表す．

$$\sigma_{cr} = \frac{\pi^2 EI}{Al^2} \tag{10.9}$$

I は断面 2 次半径 i を使うと，$I = Ai^2$ と表せるので（5.1.3 項参照），これを用いて式 (10.9) を書き換えると，次式のようになる．

$$\boxed{\sigma_{cr} = \frac{\pi^2 EAi^2}{Al^2} \quad \text{または} \quad \sigma_{cr} = \frac{\pi^2 E}{(l/i)^2}} \tag{10.10}$$

ここで，l/i は柱の細長比である．また式 (10.10) からわかるように i が大きいほど σ_{cr} が大きくなり座屈しにくい長柱となる．

図 10.2 は細長比に対する **工業用軟鋼**（mild steel）の応力と式 (10.10) をプロットしたものである．図中には降伏点応力として 230 MPa 付近（比例限度の応力，これを少し超える応力の作用で鋼材のひずみだけが大きくなる）に横線で印を付けてある．ここで，縦弾性係数は $E = 200$ GPa としてある．

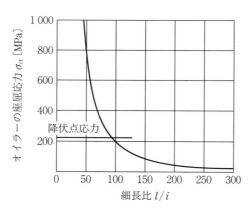

図 10.2　軟鋼の降伏点応力と細長比

図から明らかなように，細長比が 45 程度では座屈応力は 1 000 MPa となり，降伏点応力を大きく超え，オイラーの式では扱えない非現実的な値となっている．現実的には細長比 100〜200（これ以上は支えられる応力が小さくなりすぎて非現実的）程度の範囲で安全率を考えながら式 (10.10) を応用する．

10.2 端部の固定条件が両端ヒンジ（オイラーの式）と異なる場合

図 10.3 は端部拘束条件の異なる 4 種類の柱を示したものである．図（a）は両端がヒンジで固定された柱で，式（10.8）に示すオイラーの座屈荷重が適用できる柱である．図（b）はA 端固定で B 端が自由な柱である．図（c）は A 端固定で B 端ヒンジ，図（d）は両端固定の柱である．これらは式（10.1）の M および境界条件（端部の拘束条件など）を考慮することで，それぞれの座屈荷重 P_{cr} を解析的に求めることができる．ここでは柱の変形形状をもとにそれぞれの P_{cr} を表示してある．

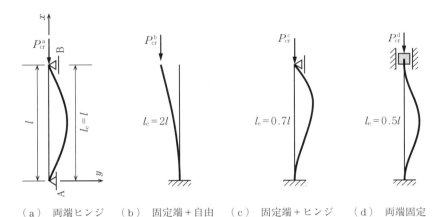

(a) 両端ヒンジ　(b) 固定端+自由　(c) 固定端+ヒンジ　(d) 両端固定

図 10.3 端部の異なる柱の変形形状　（l_e は有効座屈長）

図に示す柱の変形形状から，図（d）が最も P_{cr} が大きく強い柱で，図（b）が最も P_{cr} が小さく弱い柱である．図（d）の両端固定の柱は，図（a）の両端ヒンジのものと比較して変形形状が 2 倍で，図（b）はこれが 1/2 であることを考慮すると，それぞれの有効座屈長 l_e は，図中に示すような値になる．図を参考にしてそれぞれの座屈荷重を求めると次式のようになる．

$$P_{cr}^{a} = \frac{\pi^2 EI}{l^2}, \quad P_{cr}^{b} = \frac{\pi^2 EI}{(2l)^2} = \frac{1}{4}\frac{\pi^2 EI}{l^2}, \quad P_{cr}^{c} = \frac{\pi^2 EI}{(0.7l)^2} = 2\frac{\pi^2 EI}{l^2},$$

$$P_{cr}^{d} = \frac{\pi^2 EI}{(0.5l)^2} = 4\frac{\pi^2 EI}{l^2} \tag{10.11}$$

例題 10.1

図 10.3（c）の長柱（固定＋ヒンジ支持）で長さ $l=4$ m，および最小断面 2 次モーメント $I_{min}=134$ cm^4 の P_{cr} を求めよ。また，断面 2 次半径 $i=2.24$ cm のとき，**相当細長比**（equivalent slenderness ratio）を求め，式（10.10）により座屈応力 σ_{cr} を求めよ。ここで，縦弾性係数は $E=200$ GPa とする。

解答

$$P_{cr} = \frac{\pi^2 EI}{(0.7l)^2} = \frac{\pi^2\, 200\times 10^9 \cdot 134\times 0.01^4}{(0.7\times 4)^2} = 337\,000 \text{ N}$$

相当細長比は，$\dfrac{0.7l}{i} = \dfrac{0.7\times 400}{2.24} = 125$

座屈応力は，$\sigma_{cr} = \dfrac{\pi^2 E}{(0.7l/i)^2} = \dfrac{\pi^2\, 200\times 10^9}{(125)^2}\left(\dfrac{N}{m^2}\right) = 126$ MPa

または，H 型鋼材（100×100）の標準寸法から，断面積 $A=26.67$ cm^2 とすると

$$\sigma_{cr} = \frac{P_{cr}}{A} = \frac{337\,000}{26.67\times(0.01)^2} = 126 \text{ MPa}$$

穴埋め例題 10.1

図 10.3（a）の長柱（両端ヒンジ支持）で長さ $l=3$ m，および最小断面 2 次モーメント $I_{min}=134$ cm^4 の P_{cr} を求めよ。また，断面 2 次半径 $i=2.24$ cm のとき，相当細長比を求め，式（10.10）により座屈応力 σ_{cr} を求めよ。ここで，縦弾性係数は $E=200$ GPa とする。

解答

$P_{cr} = \dfrac{\pi^2 EI}{l^2} = $ ☐

相当細長比は，$\dfrac{l}{i} = $ ☐

座屈応力は，$\sigma_{cr} = $ ☐

または，H 型鋼材（100×100）の標準寸法から，断面積 $A=26.67$ cm^2 とすると

$\sigma_{cr} = $ ☐

いま，安全率を K とすると，許容応力度 $\sigma_a = \sigma_{cr}/K$ となる。

10.3 短　　　柱

短柱は長柱とは異なり，細長比の小さな，例えば10以下の柱や構造物をいう。短柱と長柱の間には中間柱という分類をする柱もある。中間柱の解析的な座屈荷重を求めることは困難で，いくつもの実験によって求めた経験式や数値解析による結果などを用いる場合があるが，ここでは取り扱わない。

10.3.1 断面の図心に荷重を載荷

図 10.4（a）は，矩形断面の短柱の図心に集中荷重 P が作用した図である。柱に示した横2本の一点鎖線は切断面で図（b）の圧縮応力を示した位置である。断面積は $A=bh$ でこの断面に作用する応力 σ は均等に分布し，その大きさは $-P/A$ である。

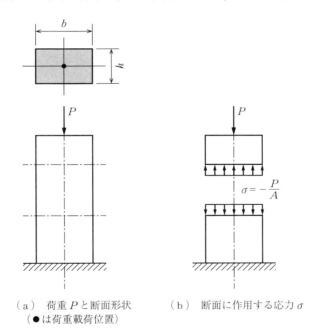

（a）　荷重 P と断面形状
　　（●は荷重載荷位置）
（b）　断面に作用する応力 σ

図 10.4　断面図心に荷重 P が作用する短柱の応力

図（b）に示すような応力状態では，σ が材料の持つ強度または柱を支持する地盤が崩壊するまで柱の機能を損なうことはない。

10.3.2 偏　心　荷　重

図 10.5 は図心から e だけ偏心した位置に荷重を載荷した場合の柱断面に生じる応力状態

130   10. 長柱と短柱

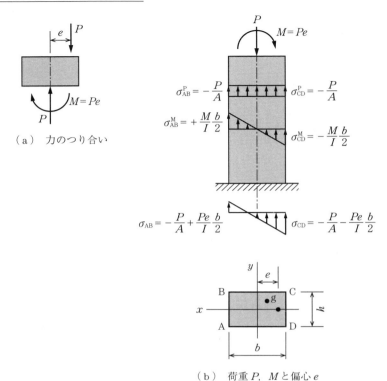

（b）荷重 P, M と偏心 e

図 10.5 偏心距離 e の位置に荷重 P が作用する短柱の応力

を示した図である。図（a）は力のつり合いにより，偏心した P が柱中央部の集中荷重 P と曲げモーメント M に分けて考えられることを示してある。図（b）はこの P と M を作用させたときに生じる鉛直応力 σ^P と曲げ応力 σ^M，およびそれぞれを加え合わせた全応力 σ を示してある。

図 10.5 に示すように断面 AB 側の応力の合計および断面 CD 側の応力の合計はそれぞれ次式のようになっている。

$$\sigma_{AB} = -\frac{P}{A} + \frac{Pe}{I}\frac{b}{2} \tag{10.12}$$

$$\sigma_{CD} = -\frac{P}{A} - \frac{Pe}{I}\frac{b}{2} \tag{10.13}$$

式（10.12）および（10.13）からわかるように，AB 側の σ_{AB} は圧縮力に加えて曲げによる引張力が働くようになることがわかる。ここで偏心距離 e が図心から離れるに従って曲げの値が大きくなり，σ_{AB} が＋の値に変化する。ここで転倒に対する安全の限界として $\sigma_{AB}=0$ となる e の値を求めることが重要となる。いま，式（10.12）の右辺を 0 として e を求めると次式のようにして求めることができる。

$$-\frac{P}{A}+\frac{Pe}{I}\frac{b}{2}=0$$

ここで，$I=\dfrac{hb^3}{12}$（y 軸まわりの断面 2 次モーメント）および $A=hb$ を考慮すると求める e は次式のようになる。

$$e=\frac{b}{6} \tag{10.14}$$

式 (10.14) より，e が図心より $\pm b/6$ より左右に離れることによって，それぞれ AB 側または CD 側に転倒する。また偏心が図心より $\pm h/6$ より上下に離れることによって，それぞれ AD 側または BC 側に転倒する。

ここで，荷重 P が柱の断面内の任意の位置に作用した場合の点 A，B，C および D の応力について考えてみる。式 (10.15) ～ (10.18) は荷重 P が図 10.5 の任意の点 g に載荷されたときの応力 σ_A，σ_B，σ_C，σ_D を求める式である。ここで，x は右方向が正，y は上方が正としてある。図の場合では，点 A は引張力が大きく，点 C は圧縮力が大きく作用する。

$$\sigma_A=-\frac{P}{A}+\frac{Pe_y}{I_X}\frac{h}{2}+\frac{Pe_x}{I_Y}\frac{b}{2} \tag{10.15}$$

$$\sigma_B=-\frac{P}{A}-\frac{Pe_y}{I_X}\frac{h}{2}+\frac{Pe_x}{I_Y}\frac{b}{2} \tag{10.16}$$

$$\sigma_C=-\frac{P}{A}-\frac{Pe_y}{I_X}\frac{h}{2}-\frac{Pe_x}{I_Y}\frac{b}{2} \tag{10.17}$$

$$\sigma_D=-\frac{P}{A}+\frac{Pe_y}{I_X}\frac{h}{2}+\frac{Pe_x}{I_Y}\frac{b}{2} \tag{10.18}$$

10.3.3　構造物の転倒に対する安全

式 (10.14) および式 (10.15) ～ (10.18) から，短柱の転倒に対する安全領域として，**図 10.6** に示すひし形の領域を求めることができ，これを**核**（core）という。**図 10.7** は核の拡大図である。図心から x，y 方向へそれぞれ $b/3$ および $h/3$ のひし形の面内に荷重 P が載荷された場合，柱の転倒に対する安全は保障されると考えることができる。

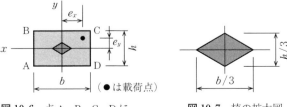

図 10.6　点 A，B，C，D に作用する応力　　　図 10.7　核の拡大図

132 10. 長柱と短柱

例題 10.2

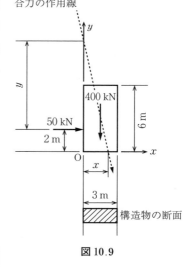

図 10.8

自重 1 000 kN の構造物の左方向から 50 kN の力が図 10.8 のように作用している。構造物に作用する合力の作用線が x 軸と交わる点の x 座標と y 軸と交わる点の y 座標を求めよ。また、構造物の転倒に対する安定、不安定を判別せよ。

解答

$\downarrow \sum V = 1\,000 + 50 \times \dfrac{3}{5} = 1\,030$ kN

$\rightarrow \sum H = 50 \times \dfrac{4}{5} = 40$ kN

$\circlearrowleft \sum M_O = 1\,000 \times \dfrac{3}{2} + 50 \times \dfrac{4}{5} = 1\,540$ kN

$x \sum V = \sum M_O \quad \therefore x = 1.49$ m（安定）

$y \sum H = \sum M_O \quad \therefore y = 38.5$ m

穴埋め例題 10.2

自重 400 kN の構造物の水平方向から 50 kN の力が図 10.9 のように作用している。構造物に作用する合力の作用線が x 軸と交わる点の x 座標と y 軸と交わる点の y 座標を求めよ。また、構造物の転倒に対する安定、不安定を判別せよ。

解答

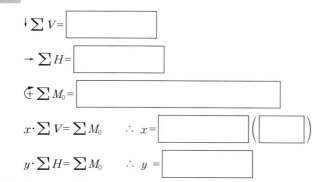

図 10.9

$\downarrow \sum V = $

$\rightarrow \sum H = $

$\circlearrowleft \sum M_O = $

$x \cdot \sum V = \sum M_O \quad \therefore x = \qquad (\qquad)$

$y \cdot \sum H = \sum M_O \quad \therefore y = $

章 末 問 題

【10.1】 図10.3（b）の長柱（固定支持＋自由端）で長さ $l=2$ m，および最小断面2次モーメント $I_{\min}=134$ cm^4 の P_{cr} を求めよ。また，断面2次半径 $i=2.24$ cm のとき，相当細長比を求め，式（10.10）により座屈応力 σ_{cr} を求めよ。ここで，縦弾性係数は $E=200$ GPa とする。

【10.2】 図10.3（d）の長柱（両端固定支持）で長さ $l=5$ m，および最小断面2次モーメント $I_{\min}=134$ cm^4 の P_{cr} を求めよ。また，断面2次半径 $i=2.24$ cm のとき，相当細長比を求め，式（10.10）により座屈応力 σ_{cr} を求めよ。ここで，縦弾性係数は $E=200$ GPa とする。

【10.3】 問図10.1に示す，半径 R の円形断面の短柱の中点から e だけ離れた点 Q に荷重 P が作用している。断面の端部 A の引張力が 0 となるように，e の長さを計算せよ（核となる半径を求める）。

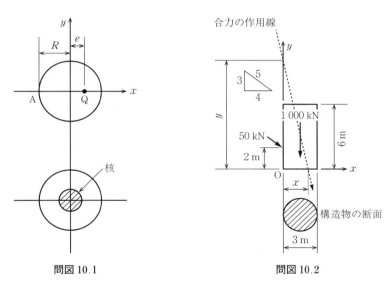

問図10.1　　　　　問図10.2

【10.4】 自重 1 000 kN の構造物の左方向から 50 kN の力が問図10.2のように作用している。構造物に作用する合力の作用線が x 軸と交わる点の x 座標と y 軸と交わる点の y 座標を求めよ。また，構造物の転倒に対する安定，不安定を判別せよ。

11. たわみ角法

本章では構造解析法の一つである"たわみ角法"の基礎式の考え方を，端モーメントや荷重が載った単純ばりを使って学習する。また，これらの式を用いて，簡単な不静定ばりの解析を行う。さらに，式を拡張して不静定のラーメン構造解析についても述べる。

11.1 たわみ角法による不静定ばりの解法

本節では簡単な不静定ばり解析のための**たわみ角法**（slope deflection method）による基本方程式を導く。

図 11.1（a）は単純ばり AB の左端 A にモーメント M_{AB}，右端 B に M_{BA} が作用し，はりの中点に集中荷重 P が作用した図を示してある。二つのモーメントは時計回りを正（＋）として描いてある。三つの力により，はり AB の端部には θ_A および θ_B のたわみを生じる。

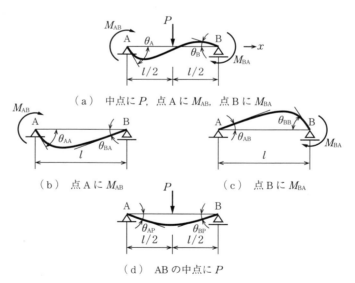

（a）中点に P，点 A に M_{AB}，点 B に M_{BA}

（b）点 A に M_{AB}　　　　（c）点 B に M_{BA}

（d）AB の中点に P

図 11.1 AB の中点に P，点 A に M_{AB}，点 B に M_{BA} が作用する単純ばり

図（b）はモーメント M_{AB} により θ_{AA} および θ_{BA} が生じることを示したものである。図（c）は点 B に作用する M_{BA} による点 A および点 B に生じるたわみ角で，それぞれ θ_{AB} およ

び θ_{BB} を示してある。また図（d）は任意の荷重として中点に集中荷重 P を作用させたときのたわみ角であり，θ_{AP} および θ_{BP} を示してある。結局 θ_A は重ね合わせにより，次式のように書くことができる。

$$\theta_A = \theta_{AA} + \theta_{AB} + \theta_{AP}$$
$$= +\frac{M_{AB}l}{3EI} - \frac{M_{BA}l}{6EI} + \frac{Pl^2}{16EI} \tag{11.1a}$$

同様にして

$$\theta_B = \theta_{BA} + \theta_{BB} + \theta_{BP}$$
$$= -\frac{M_{AB}l}{6EI} + \frac{M_{BA}l}{3EI} - \frac{Pl^2}{16EI} \tag{11.1b}$$

となる。これらをマトリックス表示すると次式のようになる。

$$\begin{Bmatrix} \theta_A \\ \theta_B \end{Bmatrix} = \frac{l}{6EI} \begin{bmatrix} 2 & -1 \\ -1 & 2 \end{bmatrix} \begin{Bmatrix} M_{AB} \\ M_{BA} \end{Bmatrix} + \frac{Pl^2}{16EI} \begin{Bmatrix} 1 \\ -1 \end{Bmatrix} \tag{11.2}$$

また，式（11.2）を，M_{AB} と M_{BA} について書きなおすと次式のようになる。

$$\begin{Bmatrix} M_{AB} \\ M_{BA} \end{Bmatrix} = \frac{6EI}{l} \frac{1}{3} \begin{bmatrix} 2 & 1 \\ 1 & 2 \end{bmatrix} \begin{Bmatrix} \theta_A \\ \theta_B \end{Bmatrix} - \frac{Pl^2}{16EI} \frac{6EI}{l} \frac{1}{3} \begin{bmatrix} 2 & 1 \\ 1 & 2 \end{bmatrix} \begin{Bmatrix} 1 \\ -1 \end{Bmatrix}$$
$$= \frac{2EI}{l} \begin{bmatrix} 2 & 1 \\ 1 & 2 \end{bmatrix} \begin{Bmatrix} \theta_A \\ \theta_B \end{Bmatrix} - \frac{Pl}{8} \begin{bmatrix} 2 & 1 \\ 1 & 2 \end{bmatrix} \begin{Bmatrix} 1 \\ -1 \end{Bmatrix} \tag{11.3}$$

ここで，$\begin{bmatrix} 2 & -1 \\ -1 & 2 \end{bmatrix}^{-1} = \frac{1}{3} \begin{bmatrix} 2 & 1 \\ 1 & 2 \end{bmatrix}$ となることに注意しよう。

さらに，式（11.3）は次式のような形に整理することができる。

$$\left. \begin{array}{l} M_{AB} = \dfrac{2EI}{l}(2\theta_A + \theta_B) - \dfrac{Pl}{8} \\[2mm] M_{BA} = \dfrac{2EI}{l}(\theta_A + 2\theta_B) + \dfrac{Pl}{8} \end{array} \right\} \tag{11.4}$$

式（11.4）の $-Pl/8$ と $+Pl/8$ は荷重 P による**荷重項**（fixed end moment: FEM）といわれるもので，図 11.1 の場合には，集中荷重 P がはり AB の中央に載荷されているので，$-Pl/8$ と $+Pl/8$ であったが，載荷のパターンによって変更しなければならない項である。式（11.4）は整理すると，不静定ばり用の基本方程式は式（11.5）のようになる。一般的な荷重項 C_{AB}，C_{BA} の例として，代表的な例を表 11.1 に示してある。これらは式（11.3）の右辺第 2 項から求めることができる。

$$M_{AB} = \frac{2EI}{l}(2\theta_A + \theta_B) + C_{AB} \tag{11.5a}$$

$$M_{BA} = \frac{2EI}{l}(\theta_A + 2\theta_B) + C_{BA} \tag{11.5b}$$

11. たわみ角法

表 11.1 荷重の種類による荷重項の例

C_{AB}（A端）	載荷パターン	C_{BA}（B端）
$-\dfrac{Pl}{8}$	A、中央に P、l/2 + l/2、B	$\dfrac{Pl}{8}$
$-\dfrac{Pab^2}{l^2}$	P、a + b	$\dfrac{Pa^2b}{l^2}$
$-\dfrac{ql^2}{12}$	等分布荷重 q、全長 l	$\dfrac{ql^2}{12}$
$-\dfrac{ql^2}{30}$	三角分布荷重 q、全長 l	$\dfrac{ql^2}{20}$
$-\dfrac{2Pl}{9}$	P、P、l/3 + l/3 + l/3	$\dfrac{2Pl}{9}$

例題 11.1

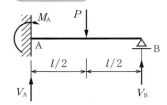

図 11.2 簡単な不静定ばり

式 (11.5 a) および (11.5 b) を使って**図 11.2** に示す不静定ばりの点 A に作用するモーメント $M_A = M_{AB}$ を求めよ。また，つり合い条件を使って点 A と B の反力 V_A, V_B を求め，Q 図と M 図を描け。

解答

図に示す不静定ばりの点 A は固定されているので，その点のたわみ角 $\theta_A = 0$ である。また点 B はヒンジなので $M_{BA} = 0$ である。この 2 条件を考慮し，荷重項として $C_{AB} = -Pl/8$ および $C_{BA} = Pl/8$ を用いると，式 (11.5) は次式のようになる。

$$M_{AB} = \frac{2EI}{l}\theta_B - \frac{Pl}{8} \tag{11.6 a}$$

$$0 = \frac{2EI}{l}2\theta_B + \frac{Pl}{8} \tag{11.6 b}$$

式 (11.6 b) より，$\theta_B = -Pl^2/(32EI)$ となり，これを式 (11.6 a) に代入すると M_{AB} は次式のように求めることができる。

$$M_{AB} = -\frac{3Pl}{16} \tag{11.7}$$

ここで，M_{AB} が求まったので，図 11.2 の不静定ばりは**図 11.3** のような静定ばりの問題に置き換えることができる。

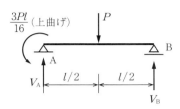

図 11.3 静定ばりに置き換えた簡単な不静定ばり

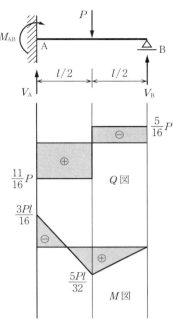

図 11.4 例題 11.1 の Q 図と M 図

つり合い条件より

$\curvearrowright \sum M = 0$ at 点 A

$-\dfrac{3Pl}{16} + \dfrac{Pl}{2} - V_B l = 0 \Rightarrow V_B = \dfrac{5P}{16}$

$+\uparrow \sum V = V_A - P + V_B = 0 \Rightarrow V_A = \dfrac{11}{16}P$

図 11.4 に Q 図と M 図を示す。

穴埋め例題 11.1

式 (11.5) を使って，**図 11.5** に示す不静定ばりの点 B に作用するモーメント $M_B = M_{BA}$ を求めよ。また，つり合い条件を使って点 A の反力 V_A, V_B を求め，Q 図と M 図を描け。ただし，荷重項 $C_{AB} = -ql^2/12$, $C_{BA} = ql^2/12$ とし，EI は一定とする。

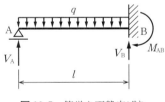

図 11.5 簡単な不静定ばり

解答

点 B は固定されているので，この点のたわみ角 $\theta_B = 0$ である。また点 A はヒンジなので $M_{AB} = 0$ である。この 2 条件を考慮すると，式 (11.5) は次式のようになる。

$$0 = \boxed{}$$

138   11. たわみ角法

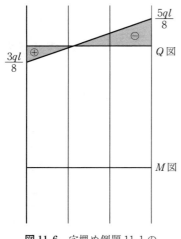

図11.6 穴埋め例題11.1の Q図とM図

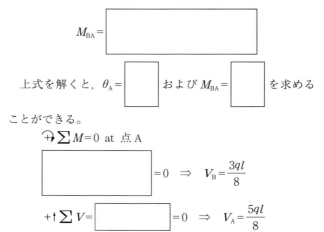

$M_{BA} =$

上式を解くと，$\theta_A =$ および $M_{BA} =$ を求めることができる。

$\curvearrowright \sum M = 0$ at 点A

$\boxed{} = 0 \Rightarrow V_B = \dfrac{3ql}{8}$

$+\uparrow \sum V = \boxed{} = 0 \Rightarrow V_A = \dfrac{5ql}{8}$

図11.6にQ図とM図を示す（図を完成させよ）。

例題 11.2 橋長の異なる連続ばりの問題（剛比と節点方程式が必要な問題）

図11.7は，AB間とBC間でスパンが異なる連続ばりである。たわみ角法により点Bのモーメントおよびつり合い条件より支点A，BおよびCの反力を求め，Q図とM図を描け。

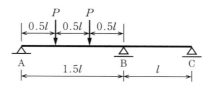

図11.7 連続ばりの解析（節点方程式が必要な問題）

解答

図に示した連続ばりの場合，はりABおよびBCそれぞれについて，たわみ角法の式は，次式のように書くことができる。

$$\begin{cases} M_{AB} = \dfrac{2EI}{1.5l}(2\theta_A + \theta_B) + C_{AB} \\ M_{BA} = \dfrac{2EI}{1.5l}(\theta_A + 2\theta_B) + C_{BA} \end{cases} \text{および} \begin{cases} M_{BC} = \dfrac{2EI}{l}(2\theta_B + \theta_C) + C_{BC} \\ M_{CB} = \dfrac{2EI}{l}(\theta_B + 2\theta_C) + C_{CB} \end{cases} \quad (11.8)$$

部材長lが短く，断面2次モーメントIが大きいと曲げにくい部材となる。ここでは曲げにくさの指標として，剛度$K(=I/l)$を考える。連続ばりはいくつもの部材を剛結しているため，どれか任意の1本のKをK_0として，あとの部材をK_0との比kで表しておくと，たわみ角法の計算が格段に容易になる。ここで，$K_{AB} = I/(1.5l)$，$K_0 = K_{BC} = I/l$として，たわみ角法の式を次式のように書いてみる。

$$\begin{cases} M_{AB} = 2E\dfrac{K_{AB}}{K_0}(2K_0\theta_A + K_0\theta_B) + C_{AB} \\ M_{BA} = 2E\dfrac{K_{AB}}{K_0}(K_0\theta_A + 2K_0\theta_B) + C_{BA} \end{cases} \text{および} \begin{cases} M_{AB} = 2E\dfrac{K_{BC}}{K_0}(2K_0\theta_B + K_0\theta_C) + C_{BC} \\ M_{CB} = 2E\dfrac{K_{BC}}{K_0}(K_0\theta_B + 2K_0\theta_C) + C_{CB} \end{cases} \quad (11.9)$$

ここで，K_0 を基準剛度として剛比を $k_{AB} = K_{AB}/K_0$, $k_{BC} = K_{BC}/K_0$ とし，$\varphi_A = 2EK_0\theta_A$, $\varphi_B = 2EK_0\theta_B$, $\varphi_C = 2EK_0\theta_C$ とおいて整理すると，式 (11.5) を変形したコンパクトな式を得ることができる。

$$\begin{cases} M_{AB} = k_{AB}(2\varphi_A + \varphi_B) + C_{AB} \\ M_{BA} = k_{AB}(\varphi_A + 2\varphi_B) + C_{BA} \end{cases} \text{および} \begin{cases} M_{BC} = k_{BC}(2\varphi_B + \varphi_C) + C_{BC} \\ M_{CB} = k_{CB}(\varphi_B + 2\varphi_C) + C_{CB} \end{cases} \quad (11.10)$$

これを本例題に当てはめて考えると，$k_{AB} = 2/3$，荷重項 $C_{AB} = -(2/9)P(1.5l)$ および $C_{BA} = (2/9)P(1.5l)$ なので，たわみ角法によるはりの AB および BC の基本式はそれぞれ，次式のようになる。

$$\begin{cases} M_{AB} = \dfrac{2}{3}(2\varphi_A + \varphi_B) - \dfrac{1}{3}Pl \\ M_{BA} = \dfrac{2}{3}(\varphi_A + 2\varphi_B) + \dfrac{1}{3}Pl \end{cases} \text{および} \begin{cases} M_{BC} = 1.0 \times (2\varphi_B + \varphi_C) \\ M_{CB} = 1.0 \times (\varphi_B + 2\varphi_C) \end{cases} \quad (11.11)$$

この例題は連続ばりで支点 A および C のモーメントはそれぞれ $M_{AB} = 0$, $M_{CB} = 0$ および節点 B でのモーメントのつり合いより $M_{BA} + M_{BC} = 0$（節点方程式：節点におけるモーメントのつり合い条件式）の 3 条件に対して，未知数が φ_A, φ_B, φ_C の 3 個で，つぎの 3 式を連立させて解くことによってこれら 3 個を求めることができる。

$$\begin{cases} \dfrac{2}{3}(2\varphi_A + \varphi_B) - \dfrac{1}{3}Pl = 0 \\ \dfrac{2}{3}(\varphi_A + 2\varphi_B) + \dfrac{1}{3}Pl + (2\varphi_B + \varphi_C) = 0 \\ \varphi_B + 2\varphi_C = 0 \end{cases} \Rightarrow \begin{bmatrix} 4 & 2 & 0 \\ 2 & 10 & 3 \\ 0 & 1 & 2 \end{bmatrix} \begin{Bmatrix} \varphi_A \\ \varphi_B \\ \varphi_C \end{Bmatrix} = \begin{Bmatrix} Pl \\ -Pl \\ 0 \end{Bmatrix} \quad (11.12)$$

$\varphi_A = 0.35Pl$, $\varphi_B = -0.2Pl$, $\varphi_C = 0.1Pl$

ここで，反力を求めるために出した φ_A, φ_B, φ_C の値を M_{BA} および M_{BC} の式に代入すると，それぞれの値をつぎのように求めることができる。

$M_{BA} = 0.3Pl$ および $M_{BC} = -0.3Pl$ （+ は時計回り，− は反時計回り）

つぎに，支点反力を求めるために，図 11.8 (a), (b) のようにはり AB および BC に分離して M_{AB} と M_{BC} を作用させる。

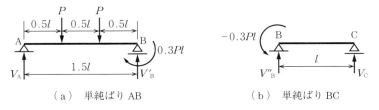

(a) 単純ばり AB　　　(b) 単純ばり BC

図 11.8　点 B で二つの単純ばりに分けた連続ばり

（はり AB のつり合い）

$\curvearrowright \sum M = 0$ at 点 B

$V_A \times 1.5l - P \times l - P \times 0.5l + 0.3Pl = 0 \Rightarrow V_A = 0.8P$ （11.13）

$+\uparrow \sum V = V_A - 2P + V'_B = 0 \Rightarrow V'_B = 1.2P$ （11.14）

(はり BC のつり合い)

$\circlearrowright \sum M = 0$ at 点 B
$-0.3Pl - V_C \times l = 0 \Rightarrow V_C = -0.3P$ (11.15)

$+\uparrow \sum V = V''_B + V_C = 0 \Rightarrow V''_B = 0.3P$ (11.16)

結局，$V_B = V'_B + V''_B = 1.5P$ を考慮すると，Q 図と M 図は図 11.9 のように描くことができる。

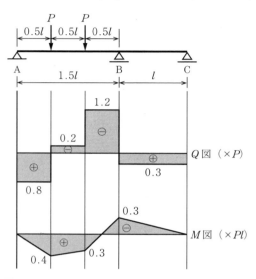

図 11.9 剛比の異なる 2 径間連続ばりの Q 図と M 図

　この例題 11.2 で重要な事項は，径間で剛度の異なる連続ばりに剛比 k を導入して，式 (11.8) を式 (11.10) のようなコンパクトな形に変形したことにある。この式 (11.10) をたわみ角法の基本方程式と呼び，節点に集まる部材のモーメントのつり合いから求めた節点方程式とともに，次項で扱うラーメン構造の解析にも必須の式である。

穴埋め例題 11.2

　図 11.10 は，AB 間と BC 間でスパン l が同じ連続ばりである。たわみ角法により点 B のモーメントを求め，支点 A，B および C の反力を求めよ。また，Q 図と M 図も描け。ここでは，はり AB および BC の EI は一定とする。

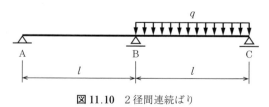

図 11.10 2 径間連続ばり

11.1 たわみ角法による不静定ばりの解法

解答

ここで，剛比 $k_{AB} = k_{BC} = 1$ および荷重項 $C_{BA} = -ql^2/12$，$C_{CB} = ql^2/12$ であるから

$$\begin{cases} M_{AB} = \boxed{} \\ \\ M_{BA} = \boxed{} \end{cases} \text{および} \begin{cases} M_{BC} = \boxed{} \\ \\ M_{CB} = \boxed{} \end{cases}$$

この問題は連続ばりなので，支点 A および C のモーメントはそれぞれ $M_{AB}=0$，$M_{CB}=0$ および節点 B でのモーメントのつり合いより，$M_{BA} + M_{BC} = 0$（節点方程式）の 3 条件に対して，未知数が φ_A，φ_B，φ_C の 3 個で，つぎの 3 式を連立させて解くことによってこれら 3 個を求めることができる。

$$\begin{cases} (2\varphi_A + \varphi_B) = 0 \\ \boxed{} \\ \boxed{} \end{cases} \Rightarrow \varphi_A = -\frac{ql^2}{48}, \quad \varphi_B = \frac{ql^2}{24}, \quad \varphi_C = -\frac{ql^2}{16}$$

ここで，反力を求めるため，求めた φ_A，φ_B，φ_C の値を M_{BA} および M_{BC} の式に代入すると，それぞれの値を次式のように求めることができる。

$$M_{BA} = \boxed{} \quad \text{および} \quad M_{BC} = \boxed{}$$

つぎに，**図 11.11**（a），（b）のようにはり AB および BC に分離して M_{AB} と M_{BC} を作用させる。

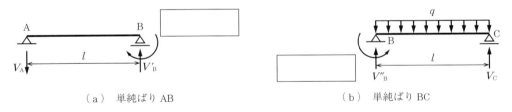

（a）単純ばり AB （b）単純ばり BC

図 11.11 点 B で二つの単純ばりに分けた連続ばり

（はり AB のつり合い）

$\circlearrowright \sum M = 0$ at 点 B

$\boxed{} = 0 \Rightarrow V_A = \boxed{}$

$+\uparrow \sum V = \boxed{} = 0 \Rightarrow V'_B = \boxed{}$

（はり BC のつり合い）

$\circlearrowright \sum M = 0$ at 点 B

142   11. たわみ角法

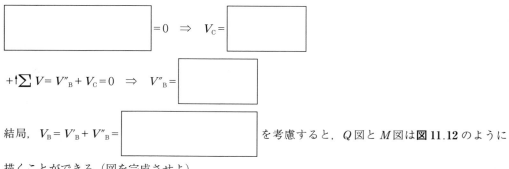

$\boxed{} = 0 \Rightarrow V_C = \boxed{}$

$+\uparrow\sum V = V''_B + V_C = 0 \Rightarrow V''_B = \boxed{}$

結局，$V_B = V'_B + V''_B = \boxed{}$ を考慮すると，Q図とM図は図11.12のように描くことができる（図を完成させよ）。

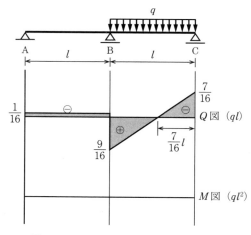

図11.12　穴埋め例題11.2のQ図とM図

11.2　たわみ角法によるラーメン構造の解法（横方向変位なし）

ラーメン（独語：rahmen）（骨組（英語：frame））**構造**は，はりやトラスとは異なる形式の構造である。

トラスはヒンジ（ピン）結合された部材で構成され，部材はおもに軸力（引張や圧縮）のみに抵抗し，曲げには抵抗できない。大きな特徴として，部材中間部には荷重が作用することはなく，各節点を通じて軸力を伝える。鉄道のトラス橋では，レールを通じて電車の荷重を節点に伝えている。

一方，ラーメン構造は，はり部材どうしを剛に結合して，部材中間にも荷重が作用し，曲げにも抵抗することができる。ビルの建築現場で見られる鉄骨を組み合わせた構造などは，ラーメン（骨組）構造である。本節では，横方向に変位しない場合のラーメン構造をたわみ角法によって解析する。

11.2 たわみ角法によるラーメン構造の解法（横方向変位なし）

たわみ角法は部材に作用する力のうち，曲げのみを考慮した解析法で，軸方向力を考慮しない方法である。そのため図 11.13（a）の部材 AB および部材 BC には曲げ変形のみが作用し部材の伸びや縮みを考慮しない（点 B は移動しない）。また，図（b）の点 B および点 C の位置は荷重の対称性により移動しないと考える。

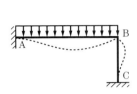
（a） 点 B の位置は載荷後も変わらない

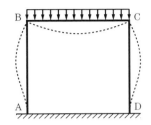
（b） 点 B および点 C は横方向に移動しない

図 11.13 横方向に変位しないラーメン構造

例題 11.3

図 11.14 に示す構造物は，点 A と C が固定され，点 D がヒンジでモーメントに抵抗できないようになっている（$M_D = 0$）。たわみ角法の解析では軸方向力を考慮しないので，図に示す点 B の位置は移動しない。これらの条件を考慮してたわみ角法の基本方程式（11.10）を部材 AB，BC および BD に適用する。このラーメン構造をたわみ角法により解析し，M 図を描け。

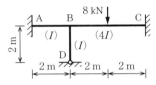

図 11.14 横方向変位のないラーメン構造 ①

解答

基準剛度 $K_0 = K_{AB} = I/2$ として，図に示す断面二次モーメントと部材長から剛比 k を求めると式（11.7）のようになる。

$$K_0 = K_{AB} = K_{BD} = \frac{I}{2}, \qquad K_{BC} = \frac{4I}{4} = I$$

$$k_{AB} = \frac{K_{AB}}{K_0} = 1, \qquad k_{BC} = \frac{K_{BC}}{K_0} = 2, \qquad k_{BD} = \frac{K_{BD}}{K_0} = 1 \tag{11.17}$$

これらの剛比および部材 BC の荷重項 $C_{BC} = -Pl/8 = -4$，$C_{CB} = Pl/8 = 4$ を考慮すると各部材のたわみ角法による式は次式のように書くことができる。

（部材 AB）
$$\left.\begin{array}{l} M_{AB} = k_{AB}(\varphi_B) = \varphi_B \\ M_{BA} = k_{AB}(2\varphi_B) = 2\varphi_B \end{array}\right\} \tag{11.18}$$

（部材 BC）
$$\left.\begin{array}{l} M_{BC} = k_{BC}(2\varphi_B) + C_{BC} = 2(2\varphi_B) - 4 \\ M_{CB} = k_{BC}(2\varphi_B) + C_{BC} = 2(2\varphi_B) + 4 \end{array}\right\} \tag{11.19}$$

(部材 BD)

$$M_{BD} = k_{BD}(2\varphi_B + \varphi_D) = 2\varphi_B + \varphi_D$$
$$M_{DB} = 0 = k_{BD}(\varphi_B + 2\varphi_D) = \varphi_B + 2\varphi_D$$
(11.20)

ここで，点 B の節点方程式 $M_{BA} + M_{BC} + M_{BD} = 0$ より

$$2\varphi_B + 2(2\varphi_B) - 4 + 2\varphi_B + \varphi_D = 0 \quad (11.21)$$

式 (11.20) より $\varphi_D = -(1/2)\varphi_B$ となるので，これを式 (11.21) に代入すると，求めるたわみ角と端モーメントは，次式のようになる（図 11.15）。端モーメントの符号は図 11.1 で説明したように，時計回りを正としていることに注意しよう。

$\varphi_B = 0.533, \quad \varphi_D = -0.267$

$M_{AB} = 0.533 \text{ kN·m}, \quad M_{BC} = -1.867 \text{ kN·m}, \quad M_{BD} = 0.800 \text{ kN·m}$
$M_{BA} = -1.067 \text{ kN·m}, \quad M_{CB} = 5.067 \text{ kN·m}, \quad M_{DB} = 0$

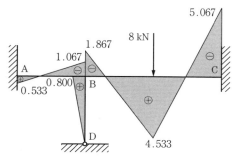
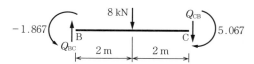

図 11.15　例題 11.3 の M 図　　図 11.16　部材 BC に作用する端モーメント

また，部材 BC の中点におけるモーメントは，図 11.16 を参照して次式のように求める。

$\sum M = 0$ at 点 C： $-1.867 + 5.067 + Q_{BC} \times 4 - 8 \times 2 = 0 \Rightarrow Q_{BC} = 3.2 \text{ kN}$

$M_{BC/2m} = -1.867 + Q_{BC} \times 2 = 4.533 \text{ kN·m}$

なお，図 11.15 のモーメントの符号は部材 AB, BC, BD のようにそれぞれ点 A, B, B を左端として考えており，下曲げを＋として図を描いてある。

穴埋め例題 11.3

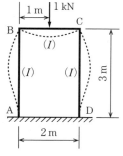

図 11.17　横方向変位のないラーメン構造 ②

図 11.17 は，点 A と D が固定され，点 B と C が自由なラーメン構造である。この構造物は対称で BC 中央には 1 kN が作用している。たわみ角法の解析では軸方向力を考慮しないので，図に示す部材 BC の長さは伸縮しない。これらの条件を考慮して，たわみ角法の基本方程式 (11.10) を部材 AB, BC に適用する。EI は一定とし，断面二次モーメント I はすべての部材で同じである。このラーメン構造をたわみ

11.2 たわみ角法によるラーメン構造の解法（横方向変位なし）

角法により解析し，M図を描け。

解答

いま，基準剛度を K_0 として，図に示す断面二次モーメントと部材長から剛比を求めると次式のようになる。

$$K_0 = K_{AB} = K_{CD} = \boxed{} \qquad K_{BC} = \boxed{}$$

$$k_{AB} = \frac{K_{AB}}{K_0} = \frac{K_{CD}}{K_0} = \boxed{} \qquad k_{BC} = \frac{K_{BD}}{K_0} = \boxed{}$$

これらの剛比および部材 BC の荷重項 $C_{BC} = -Pl/8 = \boxed{}$ ，$C_{CB} = Pl/8 = \boxed{}$ および固定端 $\varphi_A = \varphi_D = \boxed{}$ を考慮し，対称性から $\varphi_B = -\varphi_C$ とすると各部材のたわみ角法による式は次式のように書くことができる。

（部材 AB） $\varphi_A = 0$

$$\begin{cases} M_{AB} = \boxed{} \\ M_{BA} = \boxed{} \end{cases}$$

（部材 BC） $\varphi_B = -\varphi_C$

$$\begin{cases} M_{BC} = \boxed{} = \boxed{} \\ M_{CB} = \boxed{} \end{cases}$$

ここで，点 C の節点方程式 $\boxed{}$ より

$$\boxed{} = 0 \text{ となる。}$$

これらを解くと

$$\varphi_B = \boxed{} \qquad \varphi_C = \boxed{}$$

となり，それぞれの部材に作用する端モーメントは次式のように求まる。

$$M_{AB} = -M_{DC} = \boxed{} \qquad M_{BC} = -M_{CB} = \boxed{}$$

$$M_{BA} = -M_{CD} = \boxed{}$$

また，部材 BC 中点の最大モーメント M_{max} は**図 11.18** を参考にすると次式のように求めることができる。

146   11. たわみ角法

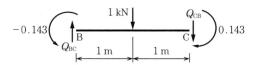

図 11.18 部材 BC の端部に作用する力

$\circlearrowright \sum M = 0$ at 点 C：

[   ] $= 0$

$\Rightarrow Q_{BC} =$ [   ]

$M_{max} =$ [   ]

図 11.19 に M 図を示す（描き入れよ）。

図 11.19 穴埋め例題 11.3 の M 図

穴埋め例題 11.4

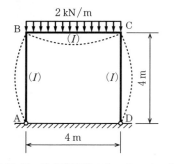

図 11.20 横方向変位のないラーメン ③

図 11.20 に示す構造物は，点 A と D がヒンジ，点 B と C が自由なラーメン構造である。この構造物は対称で部材 BC には等分布荷重 2 kN/m が作用している。たわみ角法の解析では軸方向力を考慮しないので，図に示す部材 BC の長さは伸縮しない。これらの条件を考慮してたわみ角法の基礎式 (11.10) を部材 AB，BC に適用する。EI は一定とし，断面 2 次モーメント I はすべての部材で同じである。このラーメン構造をたわみ角法により解析し，M 図を描け。

解答

いま，基準剛度 K_0 として，図に示す断面 2 次モーメントと部材長から剛比を求めると次式のようになる。

$K_0 = K_{AB} = K_{BC} = K_{CD} =$ [   ]

11.2 たわみ角法によるラーメン構造の解法（横方向変位なし）

$$k = \frac{K_{AB}}{K_0} = \frac{K_{BC}}{K_0} = \frac{K_{CD}}{K_0} = \boxed{}$$

これらの剛比および部材 BC の荷重項 $C_{BC} = \boxed{}$，$C_{CB} = \boxed{}$ およびヒンジ端 $M_{AB} = M_{DC} = \boxed{}$ を考慮し，対称性から $\boxed{}$ とすると，各部材のたわみ角法による式は次式のように書くことができる。

（部材 AB）　$M_{AB} = 0$

$$\begin{cases} M_{AB} = \boxed{} \Rightarrow \varphi_A = \boxed{} \\ M_{BA} = \boxed{} \end{cases}$$

（部材 BC）　$\varphi_B = -\varphi_C$

$$\begin{cases} M_{BC} = \boxed{} \\ M_{CB} = \boxed{} \end{cases}$$

ここで，点 C の節点方程式 $\boxed{}$ より

$$\boxed{} = 0 \Rightarrow \varphi_B = \boxed{} \text{ および } \varphi_C = \boxed{} \text{ となる。}$$

これらから，それぞれの部材に作用する端モーメントは次式のように求められる。

$M_{AB} = 0$

$M_{BC} = -M_{CB} = \boxed{}$

$M_{BA} = -M_{CD} = \boxed{}$

$M_{DC} = 0$

また，部材 BC 中点のモーメントは**図 11.21** を参考にすると，次式のように求められる。

↻ $\sum M = 0$ at 点 C $= 0$:

$-0.143 + 0.143 + Q_{BC} \times 2 - 1 \times 1 = 0$

$Q_{BC} = 0.5$

となるので，部材 BC の中点で生じる最大モーメント M_{max} は次式のようになる。

$M_{max} = $

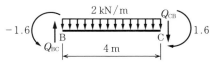

図 11.21　部材 BC の端部に作用する力

11.3 たわみ角法によるラーメン構造の解法（横方向変位あり）

図11.22 穴埋め例題11.4のM図

図11.23にM図を示す（描き入れよ）。

図11.23は荷重Pを受けて右方向に傾いたラーメン構造である。図（a）は点Bに作用する水平力Pにより点BとCが横方向に変位していることを示してある。図（b）はBC間の非対称な位置にPが作用して横方向に変位していることを示してある。このように柱（ABやDC）が傾くような場合には，式（11.10）に柱の傾きも考慮しなければならない。このことは，未知数の追加に伴う，式（11.10）の書き換えと，節点方程式に加えて層方程式を作成して解析することになる。

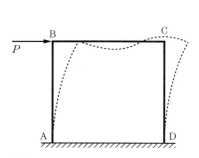
（a）点Bの水平力による横方向変位

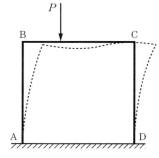
（b）BC間の非対称荷重による横方向変位

図11.23 荷重Pによる横方向変位

図11.24は，柱ABが荷重P，qおよび節点力P_Bによって点Bが点B'に移動し，曲げ変形した様子を示してある。いま，式（11.5）に点Bの移動に伴う角度の変化$R=d/l$を考慮し，点Aおよび点Bの端モーメントをマトリックス表示すると，次式のように表すことができる（式（11.5 a, b）を参照）。

$$\begin{Bmatrix} M_{AB} \\ M_{BA} \end{Bmatrix} = \frac{2EI}{l} \begin{bmatrix} 2 & 1 \\ 1 & 2 \end{bmatrix} \begin{Bmatrix} \theta_A - R \\ \theta_B - R \end{Bmatrix} + \begin{Bmatrix} C_{AB} \\ C_{BA} \end{Bmatrix} \tag{11.22}$$

11.3 たわみ角法によるラーメン構造の解法（横方向変位あり）

いま，式 (11.10) 作成時に $\varphi_A = 2EK_0\theta_A$, $\varphi_B = 2EK_0\theta_B$ と置き換えたように，$\psi = -6EK_0 R$ とし，これらを整理すると，横方向変位を含む，たわみ角法の最終的な基本方程式は，次式のようになる。

$$\begin{cases} M_{AB} = k_{AB}(2\varphi_A + \varphi_B + \psi) + C_{AB} \\ M_{BA} = k_{AB}(\varphi_A + 2\varphi_B + \psi) + C_{BA} \end{cases} \quad (11.23)$$

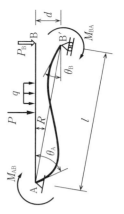

図 11.24　横方向力で傾いた柱

例題 11.4

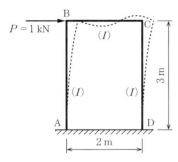

図 11.25　逆対称ラーメンと傾いた柱

図 11.25 に示す構造物は，点 A と点 D が固定され，点 B と点 C が自由なラーメン構造である。点 B には水平力 $P = 1\,\text{kN}$ が作用する逆対称な構造物である。たわみ角法の解析では軸方向力を考慮しないので，図に示す部材 BC の長さは伸縮しないが，水平移動することによって，柱 AB と CD には部材角 ψ が生じる。たわみ角法を使って，図に示すラーメン構造を解析し，M 図を描け。ここで，EI は一定とする。

解答

ここでは，たわみ角法の最終的な基本方程式 (11.23) に水平変位を考慮する方法を示しながら，解析する。いま，図に示す断面二次モーメントと部材長から剛度 K を求めると，次式のようになる。

$$K_0 = K_{AB} = K_{CD} = \frac{I}{3} \quad \text{および} \quad K_{BC} = \frac{I}{2} \quad (11.24)$$

これらの剛度から，それぞれの剛比 k は次式のようになる。

$$k_{AB} = k_{CD} = 1 \quad \text{および} \quad k_{BC} = \frac{I/2}{I/3} = 1.5 \quad (11.25)$$

ここで，各部材上に荷重はないので，荷重項は次式のようになる。

$$C_{AB} = C_{BA} = 0, \quad C_{BC} = C_{CB} = 0, \quad C_{CD} = C_{DC} = 0 \quad (11.26)$$

点 B および点 C のたわみ角は逆対称性から

$$\varphi_B = \varphi_C$$

部材 BC は伸縮しないので，柱 AB と CD の部材角は同じで，これを ψ として式 (11.23) を組み立てると次式のようになる。

$$M_{AB} = \varphi_B + \psi \atop M_{BA} = 2\varphi_B + \psi \Bigg\} \qquad (11.27)$$

$$M_{BC} = 1.5(2\varphi_B + \varphi_C) = 4.5\varphi_B \atop M_{CB} = 1.5(\varphi_B + 2\varphi_C) = 4.5\varphi_B \Bigg\} \qquad (11.28)$$

ここで，節点Bにおける節点方程式は，次式のようになる。

$$M_{BA} + M_{BC} = 2\varphi_B + \psi + 4.5\varphi_B = 6.5\varphi_B + \psi = 0 \qquad (11.29)$$

この式には未知数が二つあり，図11.26（a）を参考にして，もう一つの式として層方程式を考える。

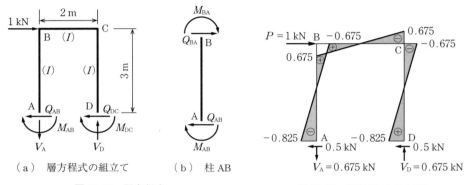

（a）層方程式の組立て　　（b）柱 AB

図11.26　層方程式

図11.27　例題11.4の M 図

$$\rightarrow \sum H = 0; \quad 1 - Q_{AB} - Q_{DC} = 0 \qquad (11.30)$$

また，荷重の逆対称を考えると，$Q_{AB} = Q_{DC}$ となるので，$Q_{AB} = 0.5\,\text{kN}$ となる。ここで図（b）を参考にして，次式を導くことができる。

$$\curvearrowright \sum M = 0 \text{ at 点 B}; \quad Q_{AB} \times 3 + M_{AB} + M_{BA} = 0 \qquad (11.31)$$

整理すると

─ 図11.25 は逆対称？ ─

図11.25 は，残念ながら厳密には逆対称とはいえない。図（a）は例題11.4の条件の図，図（b）は2点BC右向きに $P/2$ が作用した図，図（c）は点Bと点Cそれぞれに右と左向きに $P/2$ が作用した図である。ここで，たわみ角法では軸方向力を無視しているので，部材BCは長さ変化のない部材である。結局，図（a）の場合の解析には図（b）の逆対称荷重の場合のみを考慮すればよいので，図（a）を逆対称として解析できるのである。

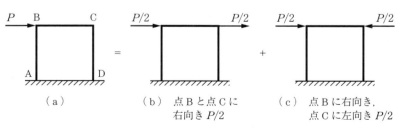

（a）　　　　　　　（b）点Bと点Cに　　　　（c）点Bに右向き，
　　　　　　　　　　　右向き $P/2$ 　　　　　　　点Cに左向き $P/2$

図

$$Q_{AB}=-\frac{M_{AB}+M_{BA}}{3} \quad \text{または} \quad 0.5=-\frac{M_{AB}+M_{BA}}{3} \tag{11.32}$$

となるので，M_{AB} と M_{BA} にたわみ角法で得た式を代入すると，層方程式として次式が求まる。

$$3\varphi_B+2\psi=-1.5 \tag{11.33}$$

式 (11.29) と式 (11.33) を連立させると，二つの未知数は次式のようになる。

$$\begin{bmatrix}6.5 & 1\\ 3 & 2\end{bmatrix}\begin{Bmatrix}\varphi_B\\ \psi\end{Bmatrix}=\begin{Bmatrix}0\\ -1.5\end{Bmatrix} \quad \Rightarrow \quad \varphi_B=0.15, \qquad \psi=-0.975 \tag{11.34}$$

また，図（a）より，反力 V_A と V_D が次式のようにして求まる。

$$\circlearrowright\!+ \sum M=0\,; \quad 1\times3-V_D\times2+M_{AB}+M_{DC}=0 \tag{11.35}$$

$$V_D=\frac{1}{2}(3-0.825-0.825)=0.675\ \text{kN}$$

$$+\uparrow\sum V=0\,; \quad V_A=-0.675\ \text{kN}$$

図 11.27 に M 図を示す。

穴埋め例題 11.5

図 11.28 に示す構造物は，点 A と点 F が固定され，点 B，C，D と F が自由な 2 層ラーメン構造である。点 B と C には水平力がそれぞれ 5 kN 作用している。たわみ角法を使って，図に示すラーメン構造を解析し，このラーメン構造の M 図を描け。ここで，EI は一定とする。

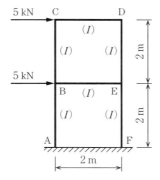

図 11.28　2 層ラーメン構造

解答

式 (11.23) を使って各部材の端部に生じるモーメントは次式のように求めることができる。ここで，すべての部材の長さと断面 2 次モーメントは同じなので剛比 $k_{ij}=0$，またすべての部材に荷重載荷はないので $C_{ij}=0$，および点 A および点 F では $\varphi_i=0$ である。

$$\begin{cases} M_{AB}=\boxed{} \\ M_{BA}=\boxed{} \end{cases} \qquad \begin{cases} M_{DE}=\boxed{} \\ M_{ED}=\boxed{} \end{cases}$$

11. たわみ角法

$$\begin{cases} M_{BC} = \\ M_{CB} = \end{cases} \qquad \begin{cases} M_{EF} = \\ M_{FE} = \end{cases}$$

$$\begin{cases} M_{CD} = \\ M_{DC} = \end{cases} \qquad \begin{cases} M_{BE} = \\ M_{EB} = \end{cases}$$

つぎに，点 B，C，D，E での節点方程式は，次式のように書くことができる。

$\sum M = 0$ at 点 B；

$\sum M = 0$ at 点 C；

$\sum M = 0$ at 点 D；

$\sum M = 0$ at 点 E；

最後に，層方程式を図 11.29 と図 11.30 を参照して求める。まず，図 11.29 を参照すると 1 層目の水平方向のつり合いは次式のようになる。

$\pm \sum H = 0;\quad 5 + 5 - Q_{AB} - Q_{FE} = 0$

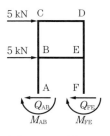
図 11.29　1 層目の自由物体図

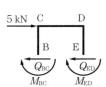
図 11.30　2 層目の自由物体図

この Q_{AB} と Q_{FE} は図 11.26（b）を参考にして求めると，1 層目の層方程式として次式を得ることができる。

また，2 層目の水平方向のつり合いは，図 11.30 を参考にすると次式のようになる。

$\pm \sum H = 0;\quad 5 - Q_{BC} - Q_{ED} = 0$

この Q_{BC} と Q_{ED} は図 11.26（b）を参考にして求めると，2 層目の層方程式として次式を得ることができる。

結局，端モーメントの式，節点方程式および層方程式をまとめると未知数が6個の連立方程式を次式のように求めることができる

$$\left[\quad\right]\left\{\begin{array}{c}\varphi_B\\\varphi_C\\\varphi_D\\\varphi_E\\\psi_1\\\psi_2\end{array}\right\}=\left\{\begin{array}{c}0\\0\\0\\0\\-10\\-5\end{array}\right\}$$

この連立方程式を解くと6個の未知数はつぎのように求めることができる。

$\varphi_B=2$, $\varphi_C=1$, $\varphi_D=1$, $\varphi_E=2$
$\psi_1=-8$, $\psi_2=-7$

図 11.31 穴埋め例題 11.5 の M 図

これらを端モーメントの式に代入し，M 図を描くと図 11.31 のようになる。

章　末　問　題

【11.1】～【11.5】の曲げ剛性 EI は一定とする。

【11.1】たわみ角法により，問図 11.1 に示す連続ばりの端モーメントを求め，M 図を描け。ここで，点 A と点 C は固定支点，点 B はローラー支点とする。

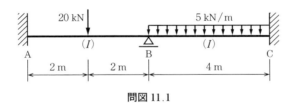

問図 11.1

【11.2】たわみ角法により，問図 11.2 に示すラーメン構造の端モーメントを求め，M 図を描け。ただし，点 A はヒンジ支点，点 C は固定支点である。たわみ角法では部材 AB と部材 BC は伸縮しないので，点 B は移動しない（部材角は生じない）とする。

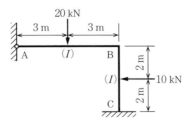

問図 11.2

【11.3】 たわみ角法により，**問図**11.3に示すラーメン構造の端モーメントを求め，*M*図を描け。ここで，支点Aと支点Dは固定されており，BC間の荷重により点Bと点Cは移動して部材ABと部材CDには部材角が生じるとする。

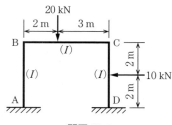

問図 11.3

【11.4】 たわみ角法により，**問図**11.4に示すラーメン構造の端モーメントを求め，*M*図を描け。ここで，支点Aと支点Dは固定されており，AB間の荷重により点Bと点Cは移動して部材ABと部材CDには部材角が生じるとする。

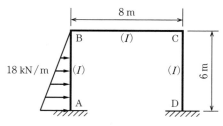

問図 11.4

【11.5】 たわみ角法により，**問図**11.5に示すラーメン構造の端モーメントを求め，*M*図を描け。ここで，点Aは固定支点，点Dはヒンジ支点である。BC間の荷重により点Bと点Cは移動して部材ABと部材CDには部材角が生じるとする。

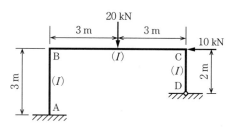

問図 11.5

12. 剛性マトリックスの理論

剛性マトリックスを用いた構造解析は，コンピューターによる解析に非常に適している。そのため，現代においては構造物の設計や解析に広く用いられている。本章では，この剛性マトリックスの理論の基礎および構造物の解析への適用方法を学ぶ。

12.1 マトリックス代数

まず，マトリックス代数の基礎を復習してみよう。マトリックス（行列）とは，数字を縦と横すなわち行と列に配列したものである。例えば

$$A = \begin{bmatrix} 1 & 2 & 3 & 4 \\ 5 & 6 & 7 & 8 \\ 9 & 10 & 11 & 12 \end{bmatrix}, \quad A^\mathrm{T} = \begin{bmatrix} 1 & 5 & 9 \\ 2 & 6 & 10 \\ 3 & 7 & 11 \\ 4 & 8 & 12 \end{bmatrix}, \quad B = \begin{pmatrix} 1 \\ 5 \\ 9 \end{pmatrix}, \quad C = \begin{pmatrix} 1 & 2 & 3 & 4 \end{pmatrix}$$

の場合，行列 A は数字を 3 行 4 列に配置したものである。行列内の数字を要素といい，1 行 1 列の要素は 1 であり，2 行 3 列の要素は 7 であり，3 行 4 列の要素は 12 である。行と列を入れ替えた行列を**転置行列**という（上記の A^T）。縦に 1 列だけの行列は**列ベクトル**という（上記の B）。横に 1 行だけの行列は**行ベクトル**という（上記の C）。

行列の加算は，要素どうしを足し合わせる。すなわち

$$A = \begin{bmatrix} 1 & 2 & 3 \\ 4 & 5 & 6 \end{bmatrix}, \quad B = \begin{bmatrix} 9 & -8 & 3 \\ 7 & 5 & -2 \end{bmatrix}$$

のとき

$$A + B = \begin{bmatrix} 1+9 & 2-8 & 3+3 \\ 4+7 & 5+5 & 6-2 \end{bmatrix} = \begin{bmatrix} 10 & -6 & 6 \\ 11 & 10 & 4 \end{bmatrix}$$

である。二つ行列の乗算は，A を m 行 n 列，B を n 行 k 列とすると，A と B の積 $C = AB$ は m 行 k 列となり，C の (i, j) 要素は次式で計算される。ただし，A の列数と B の行数は同じでなければならない（ここではともに n としている）。

$$C(i, j) = A(i, 1)B(1, j) + A(i, 2)B(2, j) + A(i, 3)B(3, j) + \cdots + A(i, n)B(n, j)$$

例えば

12. 剛性マトリックスの理論

$$A = \begin{bmatrix} 1 & 2 & 3 \\ 4 & 5 & 6 \end{bmatrix}, \quad B = \begin{bmatrix} 9 & 7 \\ -8 & 5 \\ 3 & -2 \end{bmatrix}$$

のとき

$$C = AB = \begin{bmatrix} 1 \times 9 + 2 \times (-8) + 3 \times 3 & 1 \times 7 + 2 \times 5 + 3 \times (-2) \\ 4 \times 9 + 5 \times (-8) + 6 \times 3 & 4 \times 7 + 5 \times 5 + 6 \times (-2) \end{bmatrix} = \begin{bmatrix} 2 & 11 \\ 14 & 41 \end{bmatrix}$$

となる。

　行数と列数が等しい行列を**正方行列**（下記の A）という。さらに，正方行列の対角線上の要素がすべて1で，他のすべての要素が0の場合，**単位行列**（下記の I）という。$AB = I$ となる B を A の**逆行列**といい，A^{-1} と表す。すなわち

$$A = \begin{bmatrix} 2 & 1 \\ 5 & 3 \end{bmatrix}, \quad I = \begin{bmatrix} 1 & 0 \\ 0 & 1 \end{bmatrix}, \quad A^{-1} = \begin{bmatrix} 3 & -1 \\ -5 & 2 \end{bmatrix}$$

のとき

$$AA^{-1} = \begin{bmatrix} 2 & 1 \\ 5 & 3 \end{bmatrix} \begin{bmatrix} 3 & -1 \\ -5 & 2 \end{bmatrix} = \begin{bmatrix} 1 & 0 \\ 0 & 1 \end{bmatrix} = I$$

である。

穴埋め例題 12.1

$A = \begin{bmatrix} 5 & -2 & 3 \\ 4 & 7 & -6 \end{bmatrix}, \quad B = \begin{bmatrix} 3 & -8 & 3 \\ 7 & 5 & -2 \end{bmatrix}$ のとき，$3A + B$ および AB^{T} を求めよ。

解答

$$3A + B = 3 \begin{bmatrix} 5 & -2 & 3 \\ 4 & 7 & -6 \end{bmatrix} + \begin{bmatrix} 3 & -8 & 3 \\ 7 & 5 & -2 \end{bmatrix} = \begin{bmatrix} \end{bmatrix} = \begin{bmatrix} \end{bmatrix}$$

$$AB^{\mathrm{T}} = \begin{bmatrix} 5 & -2 & 3 \\ 4 & 7 & -6 \end{bmatrix} + \begin{bmatrix} 3 & 7 \\ -8 & 5 \\ 3 & -2 \end{bmatrix} = \begin{bmatrix} \end{bmatrix} = \begin{bmatrix} \end{bmatrix}$$

2行2列の場合の逆行列は，以下の公式で求められる。

$$A = \begin{bmatrix} a & b \\ c & d \end{bmatrix}, \quad A^{-1} = \frac{1}{ad - bc} \begin{bmatrix} d & -b \\ -c & a \end{bmatrix}$$

12.1 マトリックス代数

穴埋め例題 12.2

$A = \begin{bmatrix} 6 & 2 \\ -4 & 3 \end{bmatrix}$ のとき，A^{-1} を求めよ。

解答

2行2列の場合の逆行列を求める公式より

$$A^{-1} = \frac{1}{6 \times 3 - 2 \times (-4)} \begin{bmatrix} 3 & -2 \\ 4 & 6 \end{bmatrix} = \frac{1}{26} \begin{bmatrix} 3 & -2 \\ 4 & 6 \end{bmatrix} = \begin{bmatrix} & \\ & \end{bmatrix}$$

ある二つの行列の列を組み合わせることで得られる行列を**拡大行列**という。例えば

$$A = \begin{bmatrix} 2 & 1 \\ 5 & 3 \end{bmatrix}, \quad I = \begin{bmatrix} 1 & 0 \\ 0 & 1 \end{bmatrix}$$

のとき，A と I の拡大行列 $(A|I)$ は

$$(A|I) = \begin{bmatrix} 2 & 1 & | & 1 & 0 \\ 5 & 3 & | & 0 & 1 \end{bmatrix}$$

である。また，行列のある行を定数倍したり，ある行の定数倍を他の行に加えたり，行を入れ替えたりすることを**基本変形**という。拡大行列 $(A|I)$ を基本変形して $(I|B)$ にしたとすると，$B = A^{-1}$ となる。この方法で逆行列を求める方法を**掃き出し法**という。

穴埋め例題 12.3

$A = \begin{bmatrix} 1 & 2 & 2 \\ -1 & 1 & 0 \\ 0 & 3 & 3 \end{bmatrix}$ のとき，A^{-1} を求めよ。

解答

掃き出し法で逆行列を求める。

$(A|I) = \begin{bmatrix} 1 & 2 & 2 & | & 1 & 0 & 0 \\ -1 & 1 & 0 & | & 0 & 1 & 0 \\ 0 & 3 & 3 & | & 0 & 0 & 1 \end{bmatrix}$ (1行目＋2行目をする)

$\Rightarrow \begin{bmatrix} 1 & 2 & 2 & | & 1 & 0 & 0 \\ 0 & 3 & 2 & | & 1 & 1 & 0 \\ 0 & 3 & 3 & | & 0 & 0 & 1 \end{bmatrix}$ (3行目－2行目をする)

$\Rightarrow \begin{bmatrix} 1 & 2 & 2 & | & 1 & 0 & 0 \\ 0 & 3 & 2 & | & 1 & 1 & 0 \\ 0 & 0 & 1 & | & -1 & -1 & 1 \end{bmatrix}$ (2行目－3行目×2をする)

158   12. 剛性マトリックスの理論

$$\Rightarrow \begin{bmatrix} & & & | & & & \\ & & & | & & & \\ & & & | & & & \end{bmatrix} \quad (\text{2 行目}/3\text{ をする})$$

$$\Rightarrow \begin{bmatrix} 1 & 2 & 2 & | & 1 & 0 & 0 \\ 0 & 1 & 0 & | & 1 & 1 & -2/3 \\ 0 & 0 & 1 & | & -1 & -1 & 1 \end{bmatrix} \quad (\text{1 行目} - \text{2 行目} \times 2 \text{ をする})$$

$$\Rightarrow \begin{bmatrix} & & & | & & & \\ & & & | & & & \\ & & & | & & & \end{bmatrix} \quad (\text{1 行目} - \text{3 行目} \times 2 \text{ をする})$$

$$\Rightarrow \begin{bmatrix} 1 & 0 & 0 & | & 1 & 0 & -2/3 \\ 0 & 1 & 0 & | & 1 & 1 & -2/3 \\ 0 & 0 & 1 & | & -1 & -1 & 1 \end{bmatrix} = (I|B)$$

よって

$$A^{-1} = B = \begin{bmatrix} & & \\ & & \\ & & \end{bmatrix}$$

12.2 軸力部材の剛性マトリックスの解法

12.2.1 ばね要素の剛性マトリックス

本章では，軸力部材の**剛性マトリックス**（stiffness matrix）を求める．まず，最も単純な**図12.1**に示す**ばね要素**（spring element）（ばね定数 k）の両端①，②に節点力 X_1, X_2 が作用し，軸方向の変位 u_1, u_2 が生じた場合を考える．節点力および変位ともに座標軸 x 方向を正とする．この節点力と変位の関係が剛性マトリックスとなる．

図12.1　ばね要素

ここで，節点①の右と節点②の左で切断する（**図12.2**）．ばねの両端には軸力 N が作用し，$(u_2 - u_1)$ だけ伸びている．したがって

$$N = k(u_2 - u_1) \tag{12.1}$$

である．両節点でのつり合い式を考えると

12.2 軸力部材の剛性マトリックスの解法

図 12.2 ばね要素のつり合い

(節点①)　$X_1 + N = 0, \quad X_1 = -N = -k(u_2 - u_1)$ 　　　　(12.2)

(節点②)　$X_2 - N = 0, \quad X_2 = N = k(u_2 - u_1)$ 　　　　(12.3)

である。この2式を行列表示すると

$$\begin{pmatrix} X_1 \\ X_2 \end{pmatrix} = \begin{bmatrix} k & -k \\ -k & k \end{bmatrix} \begin{pmatrix} u_1 \\ u_2 \end{pmatrix} \quad \text{または} \quad \boldsymbol{f} = \boldsymbol{k}\boldsymbol{u} \quad (12.4)$$

となる。ここで、$\boldsymbol{k}$を剛性マトリックス、$\boldsymbol{f}$を節点力ベクトル、$\boldsymbol{u}$を変位ベクトルという。また、式(12.4)のような節点力、剛性マトリックス、変位の関係式を**剛性方程式**(stiffness equation)という。

つぎに、**図 12.3** に示す2本のばねを直列につないだ構造系の剛性マトリックスを求める。ここで、前述の単一ばねと同様、三つの節点①, ②, ③の近傍で切断する (**図 12.4**)。

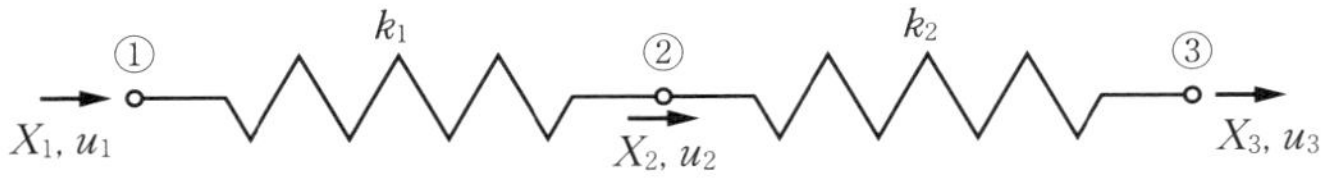

図 12.3 直列ばね要素

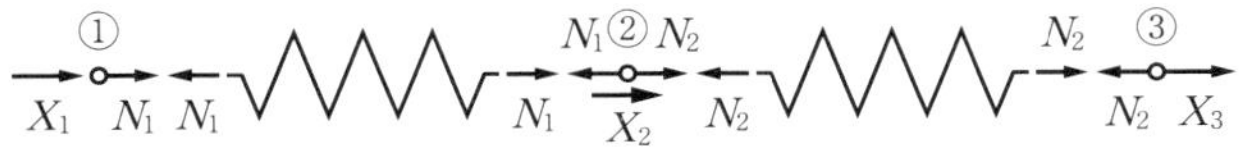

図 12.4 直列ばね要素のつり合い

二つのばねの両端には軸力 N_1, N_2 が作用し、それぞれの伸びを考慮すると

$$N_1 = k_1(u_2 - u_1), \quad N_2 = k_2(u_3 - u_2) \quad (12.5)$$

である。3節点でのつり合い式を考えると

(節点①)　$X_1 + N_1 = 0, \quad X_1 = -N_1 = -k_1(u_2 - u_1)$ 　　　　(12.6)

(節点②)　$X_2 - N_1 + N_2 = 0, \quad X_2 = N_1 - N_2 = -k_1 u_1 + (k_1 + k_2)u_2 - k_2 u_3$ 　　　　(12.7)

(節点③)　$X_3 - N_2 = 0, \quad X_3 = N_2 = k_2(u_3 - u_2)$ 　　　　(12.8)

である。この3式を行列表示すると

$$\begin{pmatrix} X_1 \\ X_2 \\ X_3 \end{pmatrix} = \begin{bmatrix} k_1 & -k_1 & 0 \\ -k_1 & k_1 + k_2 & -k_2 \\ 0 & -k_2 & k_2 \end{bmatrix} \begin{pmatrix} u_1 \\ u_2 \\ u_3 \end{pmatrix} \quad \text{または} \quad \boldsymbol{f} = \boldsymbol{k}\boldsymbol{u} \quad (12.9)$$

となり、この構造系の剛性マトリックスは3行3列である。

ここで、二つのばねを単独に取り扱い、それぞれの剛性マトリックスを式(12.4)で求めると

$$\boldsymbol{k}_1 = \begin{bmatrix} k_1 & -k_1 & 0 \\ -k_1 & k_1 & 0 \\ 0 & 0 & 0 \end{bmatrix}, \quad \boldsymbol{k}_2 = \begin{bmatrix} 0 & 0 & 0 \\ 0 & k_2 & -k_2 \\ 0 & -k_2 & k_2 \end{bmatrix}$$

となる。この二つの剛性マトリックスを重ね合わせると

$$\boldsymbol{k} = \boldsymbol{k}_1 + \boldsymbol{k}_2 = \begin{bmatrix} k_1 & -k_1 & 0 \\ -k_1 & k_1+k_2 & -k_2 \\ 0 & -k_2 & k_2 \end{bmatrix} \tag{12.10}$$

となり,式(12.9)の剛性マトリックスと同一である。すなわち,複数の部材で構成される構造系の剛性マトリックスは,各部材の剛性マトリックスを重ね合わせて求めることができる。これは重要で便利な性質であり,本書でも繰り返し使用される。

12.2.2 ばね要素に関する剛性方程式の解法

つぎの例題を用いて,ばね要素に関する剛性方程式を解いてみよう。

例題 12.1

図 12.5 に示すように二つのばねを直列につなげた構造において,節点③を固定する場合,節点①,②における変位 u_1, u_2 およびばねの軸力 N_1, N_2 を求めよ。

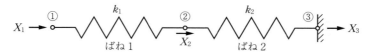

図 12.5 直列ばね要素

解答

式(12.9)の剛性方程式をこの例題にあてはめると,X_1 と X_2 は節点力,節点③の変位は 0,X_3 は支点反力である。すなわち

$$\begin{pmatrix} X_1 \\ X_2 \\ X_3 \end{pmatrix} = \begin{bmatrix} k_1 & -k_1 & 0 \\ -k_1 & k_1+k_2 & -k_2 \\ 0 & -k_2 & k_2 \end{bmatrix} \begin{pmatrix} u_1 \\ u_2 \\ 0 \end{pmatrix} \tag{12.11}$$

である。これを,次式のように変位 u_1, u_2 に関する未知および既知の部分マトリックスに分解する。

$$\begin{pmatrix} X_1 \\ X_2 \end{pmatrix} = \begin{bmatrix} k_1 & -k_1 \\ -k_1 & k_1+k_2 \end{bmatrix} \begin{pmatrix} u_1 \\ u_2 \end{pmatrix} \tag{12.12}$$

$$(X_3) = \begin{bmatrix} 0 & -k_2 \end{bmatrix} \begin{pmatrix} u_1 \\ u_2 \end{pmatrix} = -k_2 u_2 \tag{12.13}$$

式(12.12)は変位 u_1, u_2 に関する連立方程式であり,解くことができる。さらに,式(12.13)より支点反力 X_3 が求められる。また,ばね1とばね2に発生する軸力 N_1, N_2 は式(12.6)と式(12.8)とから求められ,これを行列表示すると次式となる。

12.2 軸力部材の剛性マトリックスの解法

$$\begin{pmatrix} N_1 \\ N_2 \end{pmatrix} = \begin{bmatrix} -k_1 & k_1 & 0 \\ 0 & -k_2 & k_2 \end{bmatrix} \begin{pmatrix} u_1 \\ u_2 \\ u_3 = 0 \end{pmatrix} \tag{12.14}$$

穴埋め例題 12.4

図 12.5 の直列ばねにおいて，$k_1 = 1.0\,\text{kN/mm}$，$k_2 = 2.0\,\text{kN/mm}$，$X_1 = 10\,\text{kN}$，$X_2 = 10\,\text{kN}$ とするとき，節点変位 u_1，u_2，支点反力 X_3 およびばね軸力 N_1，N_2 を求めよ。

解答

式 (12.12) より

$$\begin{pmatrix} 10 \\ 10 \end{pmatrix} = \begin{bmatrix} \end{bmatrix} \begin{pmatrix} u_1 \\ u_2 \end{pmatrix}$$

すなわち

$$u_1 - u_2 = 10, \quad -u_1 + 3u_2 = 10$$

であり，この連立方程式を解くと

$$u_1 = \boxed{}\,\text{mm}, \quad u_2 = \boxed{}\,\text{mm}$$

が得られる。さらに，支点反力 X_3 は式 (12.13) より

$$X_3 = -k_2 u_2 = -2.0 \times 10 = -20\,\text{kN}$$

となり，ばね軸力 N_1，N_2 は式 (12.14) より

$$N_1 = -k_1 u_1 + k_1 u_2 = -1.0 \times 20 + 1.0 \times 10 = -10\,\text{kN}$$
$$N_2 = -k_2 u_2 = -2.0 \times 10 = -20\,\text{kN}$$

となる。

穴埋め例題 12.5

図 12.6 に示す三つばねが組み合わさった構造系における，節点変位 u_1，u_2，支点反力 X_3 およびばね軸力 N_1，N_2，N_3 を求めよ。ただし，$k_1 = 3.0\,\text{kN/mm}$，$k_2 = 2.0\,\text{kN/mm}$，$k_3 = 1.0\,\text{kN/mm}$，$X_1 = 4\,\text{kN}$，$X_2 = 5\,\text{kN}$ とする。

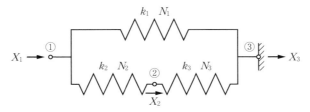

図 12.6 直列および並列を組み合わせた複合ばね要素

162　12. 剛性マトリックスの理論

解答

要素①-③，要素①-②，および要素②-③に関する剛性方程式は

$$\begin{pmatrix}X_1\\X_3\end{pmatrix}=\begin{bmatrix}k_1 & -k_1\\-k_1 & k_1\end{bmatrix}\begin{pmatrix}u_1\\u_3\end{pmatrix}, \quad \begin{pmatrix}X_1\\X_2\end{pmatrix}=\begin{bmatrix}k_2 & -k_2\\-k_2 & k_2\end{bmatrix}\begin{pmatrix}u_1\\u_2\end{pmatrix}, \quad \begin{pmatrix}X_2\\X_3\end{pmatrix}=\begin{bmatrix}k_3 & -k_3\\-k_3 & k_3\end{bmatrix}\begin{pmatrix}u_2\\u_3\end{pmatrix}$$

であり，全体系の剛性方程式は，これらを重ね合わせて次式となる．

$$\begin{pmatrix}X_1\\X_2\\X_3\end{pmatrix}=\begin{bmatrix}k_1+k_2 & -k_2 & -k_1\\-k_2 & k_2+k_3 & -k_3\\-k_1 & -k_3 & k_1+k_3\end{bmatrix}\begin{pmatrix}u_1\\u_2\\u_3\end{pmatrix}$$

すなわち

$$\begin{pmatrix}\ \\ \ \\ \ \end{pmatrix}=\begin{bmatrix}\ & \ & \ \\ \ & \ & \ \\ \ & \ & \ \end{bmatrix}\begin{pmatrix}u_1\\u_2\\0\end{pmatrix}$$

となり，これを節点力に関する未知および既知の部分マトリックスに分解する．

$$\begin{pmatrix}4\\5\end{pmatrix}=\begin{bmatrix}5 & -2\\-2 & 3\end{bmatrix}\begin{pmatrix}u_1\\u_2\end{pmatrix},\qquad X_3=-3u_1-u_2$$

上式左側は

$$4=5u_1-2u_2,\qquad 5=-2u_1+3u_2$$

であり，この連立方程式を解くと

$u_1=\boxed{2}$ mm, $\qquad u_2=\boxed{3}$ mm

が得られる．さらに，反力およびばね軸力は以下となる．

$X_3=\boxed{-9}$

$N_1=\boxed{-6}$

$N_2=\boxed{2}$

$N_3=\boxed{-3}$

12.2.3　傾斜トラス要素の剛性マトリックス

トラス要素（truss element）（**図 12.7**）は節点でヒンジ（ピン）結合されているため軸力のみが発生し，ばねと同様に軸力部材である．部材の断面積を A，縦弾性係数を E とすると，ばね定数は $k=EA/l$ となる．

図 12.7　トラス要素

12.2 軸力部材の剛性マトリックスの解法

一般的にトラス部材は**基準座標系**（normal coordinate，あるいは global coordinate）に対して傾斜しているため，その剛性マトリックスを求める必要がある。**図 12.8** に示す基準座標に対して右回りに α だけ傾斜するトラス要素に，部材力 N が生じており，それが節点 A と B に接合する場合を考える。節点力 X_1, Y_1, X_2, Y_2 は部材力 N と以下の関係がある。

$$X_1 = -N\cos\alpha, \qquad Y_1 = -N\sin\alpha, \qquad X_2 = N\cos\alpha, \qquad Y_2 = N\sin\alpha \tag{12.15}$$

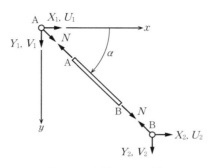

図 12.8 傾斜トラス要素

つぎに，トラス要素両端の軸方向の変位を δ_1, δ_2 とすると，これらは節点変位 U_1, V_1, U_2, V_2 と以下の関係にある。

$$\delta_1 = U_1 \cos\alpha + V_1 \sin\alpha, \qquad \delta_2 = U_2 \cos\alpha + V_2 \sin\alpha \tag{12.16}$$

トラス要素の伸びは，$\delta = \delta_2 - \delta_1$ であるため，次式となる。

$$\delta = (U_2 - U_1)\cos\alpha + (V_2 - V_1)\sin\alpha \tag{12.17}$$

一方，部材力 N と伸び δ の関係は以下である。

$$\begin{aligned} N &= \frac{EA}{l}\delta = \frac{EA}{l}\{\cos\alpha(U_2 - U_1) + \sin\alpha(V_2 - V_1)\} \\ &= \frac{EA}{l}\begin{bmatrix} -\cos\alpha & -\sin\alpha & \cos\alpha & \sin\alpha \end{bmatrix}\begin{pmatrix} U_1 \\ V_1 \\ U_2 \\ V_2 \end{pmatrix} \end{aligned} \tag{12.18}$$

式 (12.15), (12.17), (12.18) より，次式が得られる。

$$\begin{pmatrix} X_1 \\ Y_1 \\ X_2 \\ Y_2 \end{pmatrix} = \frac{EA}{l}\begin{bmatrix} c^2 & cs & -c^2 & -cs \\ cs & s^2 & -cs & -s^2 \\ -c^2 & -cs & c^2 & cs \\ -cs & -s^2 & cs & s^2 \end{bmatrix}\begin{pmatrix} U_1 \\ V_1 \\ U_2 \\ V_2 \end{pmatrix} \tag{12.19}$$

ここで，$c = \cos\alpha$, $s = \sin\alpha$ である。本式が，基準座標系に対して傾斜しているトラス要素の剛性方程式である。すなわち

$$\boldsymbol{F} = \boldsymbol{K}_e \boldsymbol{U} \tag{12.20}$$

と表される。

この方程式を座標変換により求める．部材軸方向にとった**部材座標系**（local coordinate）（**図12.9**に示すx, y）とし，構造物全体に都合の良いようにとった全体座標系（図に示すX, Y）の関係を見てみよう．節点AがA'に変位した場合，両座標における変位間には図より以下の関係がある．

$$u_1 = U_1 \cos\theta + V_1 \sin\theta$$
$$v_1 = -U_1 \sin\theta + V_1 \cos\theta$$

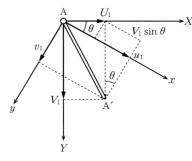

図 12.9 座標変換

点Bにおいても同様の関係が得られる．

$$u_2 = U_2 \cos\theta + V_2 \sin\theta$$
$$v_2 = -U_2 \sin\theta + V_2 \cos\theta$$

これを行列表示すると

$$\boldsymbol{u} = \boldsymbol{CU}$$

となる．ここで，$\boldsymbol{C}$は全体座標系から部材座標系への**変換マトリックス**（transfer matrix）という．

$$\boldsymbol{C} = \begin{bmatrix} c & s & 0 & 0 \\ -s & c & 0 & 0 \\ 0 & 0 & c & s \\ 0 & 0 & -s & c \end{bmatrix} \tag{12.21}$$

同様に，荷重に関しても

$$\boldsymbol{f} = \boldsymbol{CF}$$

となる．これらを次式の部材座標系の剛性方程式

$$\boldsymbol{f} = \boldsymbol{ku} = \frac{EA}{l} \begin{bmatrix} 1 & 0 & -1 & 0 \\ 0 & 0 & 0 & 0 \\ -1 & 0 & 1 & 0 \\ 0 & 0 & 0 & 0 \end{bmatrix} \begin{pmatrix} u_1 \\ v_1 \\ u_2 \\ v_2 \end{pmatrix}$$

に代入する．なお，ここでは部材座標系ではトラス部材を対象としているため，部材軸方向の節点力のみを考慮している．

$$CF = kCU$$

さらに，逆行列 C^{-1} を左から乗じると

$$C^{-1}CF = C^{-1}kCU$$

となり，$C^{-1}C = I$，$C^{-1} = C^{\mathrm{T}}$ であるため，次式に変形できる。

$$F = (C^{\mathrm{T}}kC)U$$

したがって，全体系の剛性方程式は以下となる。

$$F = K_{\mathrm{e}}U$$

ここで，全体系の剛性マトリックス K_{e} は

$$K_{\mathrm{e}} = C^{\mathrm{T}}kC = \frac{EA}{l}\begin{bmatrix} c^2 & cs & -c^2 & -cs \\ cs & s^2 & -cs & -s^2 \\ -c^2 & -cs & c^2 & cs \\ -cs & -s^2 & cs & s^2 \end{bmatrix} \tag{12.22}$$

となり，式 (12.19) と等しい。

12.2.4 トラス構造の解析

これまで学習した剛性方程式を用いて，例題に示すトラス構造を解いてみよう。

穴埋め例題 12.6

図 12.10 に示すトラスの節点 ① に集中荷重 P が作用しているとき，節点変位 U_1，V_1，支点反力 X_2，Y_2，X_3，Y_3，部材力 S_1，S_2 を求めよ。ただし，2 本のトラス部材の伸び剛性 EA は同じとする。

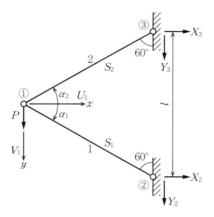

図 12.10 集中荷重が作用するトラス

12. 剛性マトリックスの理論

解答

要素①-②の剛性方程式は，式(12.19)において $s=\sin 30°=1/2$, $c=\cos 30°=\sqrt{3}/2$ として

$$\begin{pmatrix} X_1 \\ Y_1 \\ X_2 \\ Y_2 \end{pmatrix} = \frac{EA}{l} \begin{bmatrix} 3/4 & \sqrt{3}/4 & -3/4 & -\sqrt{3}/4 \\ \sqrt{3}/4 & 1/4 & -\sqrt{3}/4 & -1/4 \\ -3/4 & -\sqrt{3}/4 & 3/4 & \sqrt{3}/4 \\ -\sqrt{3}/4 & -1/4 & \sqrt{3}/4 & 1/4 \end{bmatrix} \begin{pmatrix} U_1 \\ V_1 \\ U_2 \\ V_2 \end{pmatrix}$$

となる。要素①-③の剛性方程式は，式(12.19)において，$s=\sin(-30°)=-1/2$, $c=\cos(-30°)=\sqrt{3}/2$ として

$$\begin{pmatrix} X_1 \\ Y_1 \\ X_3 \\ Y_3 \end{pmatrix} = \frac{EA}{l} \begin{bmatrix} 3/4 & -\sqrt{3}/4 & -3/4 & \sqrt{3}/4 \\ -\sqrt{3}/4 & 1/4 & \sqrt{3}/4 & -1/4 \\ -3/4 & \sqrt{3}/4 & 3/4 & -\sqrt{3}/4 \\ \sqrt{3}/4 & -1/4 & -\sqrt{3}/4 & 1/4 \end{bmatrix} \begin{pmatrix} U_1 \\ V_1 \\ U_3 \\ V_3 \end{pmatrix}$$

となる。全体系の剛性方程式は，これらを重ね合わせて次式となる。

$$\begin{pmatrix} X_1=0 \\ Y_1=P \\ X_2 \\ Y_2 \\ X_3 \\ Y_3 \end{pmatrix} = \frac{EA}{l} \begin{bmatrix} \quad \end{bmatrix} \begin{pmatrix} U_1 \\ V_1 \\ U_2=0 \\ V_2=0 \\ U_3=0 \\ V_3=0 \end{pmatrix}$$

これを節点力に関する未知および既知の部分マトリックスに分解する。

$$\begin{pmatrix} 0 \\ P \end{pmatrix} = \frac{EA}{l} \begin{bmatrix} \quad \end{bmatrix} \begin{pmatrix} U_1 \\ V_1 \end{pmatrix}, \quad \begin{pmatrix} X_2 \\ Y_2 \\ X_3 \\ Y_3 \end{pmatrix} = \frac{EA}{l} \begin{bmatrix} \quad \end{bmatrix} \begin{pmatrix} U_1 \\ V_1 \end{pmatrix}$$

上式より，節点変位および支点反力は

$$U_1=0.0, \qquad V_1=\frac{2Pl}{EA}$$

$$X_2=-\frac{\sqrt{3}P}{2}, \qquad Y_2=-\frac{P}{2}, \qquad X_3=\frac{\sqrt{3}P}{2}, \qquad Y_3=-\frac{P}{2}$$

となる。部材力は式(12.18)より

$$S_1 = \frac{EA}{l} \begin{bmatrix} -\cos\alpha_1 & -\sin\alpha_1 & \cos\alpha_1 & \sin\alpha_1 \end{bmatrix} \begin{pmatrix} U_1 \\ V_1 \\ U_2 \\ V_2 \end{pmatrix} =$$

$$S_2 = \frac{EA}{l} \begin{bmatrix} -\cos\alpha_2 & -\sin\alpha_2 & \cos\alpha_2 & \sin\alpha_2 \end{bmatrix} \begin{pmatrix} U_1 \\ V_1 \\ U_3 \\ V_3 \end{pmatrix} =$$

となる。

穴埋め例題 12.7

図 12.11 に示すトラスの節点①に集中荷重 P が作用しているとき，節点変位 U_1，V_1，支点反力 X_2，Y_2，X_3，Y_3，部材力 S_1，S_2 を求めよ。ただし，2 本のトラス部材の伸び剛性 EA は同じとする。

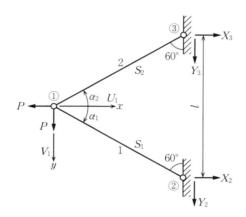

図 12.11 二つの集中荷重が作用するトラス

解答

要素①-②の剛性方程式は，式 (12.19) において $s = \sin 30° = 1/2$，$c = \cos 30° = \sqrt{3}/2$ として

$$\begin{pmatrix} X_1 \\ Y_1 \\ X_2 \\ Y_2 \end{pmatrix} = \frac{EA}{l} \begin{bmatrix} & & & \\ & & & \\ & & & \\ & & & \end{bmatrix} \begin{pmatrix} U_1 \\ V_1 \\ U_2 \\ V_2 \end{pmatrix}$$

となる。要素①-③の剛性方程式は，式 (12.19) において，$s = \sin(-30°) = -1/2$，$c = \cos(-30°) = \sqrt{3}/2$ として

$$\begin{pmatrix} X_1 \\ Y_1 \\ X_3 \\ Y_3 \end{pmatrix} = \frac{EA}{l} \begin{bmatrix} & & & \\ & & & \\ & & & \\ & & & \end{bmatrix} \begin{pmatrix} U_1 \\ V_1 \\ U_3 \\ V_3 \end{pmatrix}$$

となる。全体系の剛性方程式は，これらを重ね合わせて次式となる。

168　12. 剛性マトリックスの理論

$$\begin{pmatrix} X_1 = -P \\ Y_1 = P \\ X_2 \\ Y_2 \\ X_3 \\ Y_3 \end{pmatrix} = \frac{EA}{l} \begin{bmatrix} \end{bmatrix} \begin{pmatrix} U_1 \\ V_1 \\ U_2 = 0 \\ V_2 = 0 \\ V_3 = 0 \\ V_3 = 0 \end{pmatrix}$$

これを節点変位に関する未知および既知の部分マトリックスに分解する。

$$\begin{pmatrix} -P \\ P \end{pmatrix} = \frac{EA}{l} \begin{bmatrix} \end{bmatrix} \begin{pmatrix} U_1 \\ V_1 \end{pmatrix}, \quad \begin{pmatrix} X_2 \\ Y_2 \\ X_3 \\ Y_3 \end{pmatrix} = \frac{EA}{l} \begin{bmatrix} \end{bmatrix} \begin{pmatrix} U_1 \\ V_1 \end{pmatrix}$$

上式より，節点変位および支点反力は

$U_1 = \boxed{}$, $\quad V_1 = \boxed{}$

$X_2 = \boxed{}$, $\quad Y_2 = \boxed{}$, $\quad X_3 = \boxed{}$, $\quad Y_3 = \boxed{}$

となる。部材力は式 (12.18) より

$$S_1 = \frac{EA}{l} \begin{bmatrix} -\cos\alpha_1 & -\sin\alpha_1 & \cos\alpha_1 & \sin\alpha_1 \end{bmatrix} \begin{pmatrix} U_1 \\ V_1 \\ U_2 \\ V_2 \end{pmatrix} = \boxed{}$$

$$S_2 = \frac{EA}{l} \begin{bmatrix} -\cos\alpha_2 & -\sin\alpha_2 & \cos\alpha_2 & \sin\alpha_2 \end{bmatrix} \begin{pmatrix} U_1 \\ V_1 \\ U_3 \\ V_3 \end{pmatrix} = \boxed{}$$

となる。

穴埋め例題 12.8

　図 12.12 に示すトラスの節点 ② に鉛直集中荷重 P が作用しているとき，節点変位 U_2，V_2，支点反力 X_1，Y_1，X_3，Y_3，部材力 S_1，S_2 を求めよ。ただし，2 本のトラス部材の伸び剛性 EA は同じとする。

12.2 軸力部材の剛性マトリックスの解法

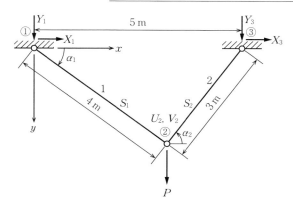

図 12.12 集中荷重が作用するトラス

解答

要素①-②の剛性方程式は，式 (12.19) において $s=\sin\alpha_1=3/5$, $c=\cos\alpha_1=4/5$ として

$$\begin{pmatrix} X_1 \\ Y_1 \\ X_2 \\ Y_2 \end{pmatrix} = \frac{EA}{4} \begin{bmatrix} 16/25 & 12/25 & -16/25 & -12/25 \\ 12/25 & 9/25 & -12/25 & -9/25 \\ -16/25 & -12/25 & 16/25 & 12/25 \\ -12/25 & -9/25 & 12/25 & 9/25 \end{bmatrix} \begin{pmatrix} U_1 \\ V_1 \\ U_2 \\ V_2 \end{pmatrix}$$

となる。要素②-③の剛性方程式は，式 (12.19) において $s=\sin\alpha_2=-4/5$, $c=\cos\alpha_2=3/5$ として

$$\begin{pmatrix} X_2 \\ Y_2 \\ X_3 \\ Y_3 \end{pmatrix} = \frac{EA}{3} \begin{bmatrix} 9/25 & -12/25 & -9/25 & 12/25 \\ -12/25 & 16/25 & 12/25 & -16/25 \\ -9/25 & 12/25 & 9/25 & -12/25 \\ 12/25 & -16/25 & -12/25 & 16/25 \end{bmatrix} \begin{pmatrix} U_2 \\ V_2 \\ U_3 \\ V_3 \end{pmatrix}$$

となる。全体系の剛性方程式は，これらを重ね合わせて次式となる。

$$\begin{pmatrix} X_1 \\ Y_1 \\ X_2=0 \\ Y_2=P \\ X_3 \\ Y_3 \end{pmatrix} = \frac{EA}{25} \begin{bmatrix} \end{bmatrix} \begin{pmatrix} U_1=0 \\ V_1=0 \\ U_2 \\ V_2 \\ U_3=0 \\ V_3=0 \end{pmatrix}$$

これを節点力に関する未知および既知の部分マトリックスに分解する。

$$\begin{pmatrix} 0 \\ P \end{pmatrix} = \frac{EA}{25} \begin{bmatrix} 7 & -1 \\ -1 & 91/12 \end{bmatrix} \begin{pmatrix} U_2 \\ V_2 \end{pmatrix}, \qquad \begin{pmatrix} X_1 \\ Y_1 \\ X_3 \\ Y_3 \end{pmatrix} = \frac{EA}{25} \begin{bmatrix} -4 & -3 \\ -3 & -9/4 \\ -3 & 4 \\ 4 & -16/3 \end{bmatrix} \begin{pmatrix} U_2 \\ V_2 \end{pmatrix}$$

上式より，節点変位および支点反力は

$$U_2 = \boxed{\dfrac{12P}{25EA}}\ \text{m}, \qquad V_2 = \boxed{\dfrac{84P}{25EA}}\ \text{m}$$

170　12. 剛性マトリックスの理論

$$X_1 = \boxed{}, \quad Y_1 = \boxed{}, \quad X_3 = \boxed{}, \quad Y_3 = \boxed{}$$

となる。部材力は式 (12.18) より

$$S_1 = \frac{EA}{l}\begin{bmatrix} -\cos\alpha_1 & -\sin\alpha_1 & \cos\alpha_1 & \sin\alpha_1 \end{bmatrix}\begin{pmatrix} U_1 \\ V_1 \\ U_2 \\ V_2 \end{pmatrix} = \boxed{}$$

$$S_2 = \frac{EA}{l}\begin{bmatrix} -\cos\alpha_2 & -\sin\alpha_2 & \cos\alpha_2 & \sin\alpha_2 \end{bmatrix}\begin{pmatrix} U_2 \\ V_2 \\ U_3 \\ V_3 \end{pmatrix} = \boxed{}$$

となる。

12.3 棒部材の剛性マトリックスの解法

12.3.1 棒部材の剛性マトリックス

まず，**はり要素**（beam element）の剛性マトリックスを求める。**図 12.13** に示すように両端固定ばりの端部に単位たわみを生じさせる材端鉛直力および材端モーメントを求める。

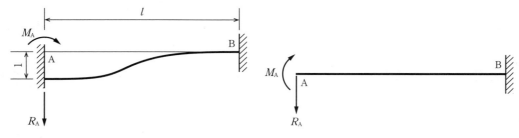

図 12.13　点 A に単位たわみを生じさせる材端鉛直力とモーメント

図 12.14　材端力が作用する片持ちばり

静定基本系を**図 12.14** に示す片持ちばりとし，点 A に材端鉛直力 R_A，材端モーメント M_A を作用させる。点 A のたわみ δ_A およびたわみ角 θ_A は次式となる。

$$\delta_A = \frac{R_A l^3}{3EI} - \frac{M_A l^2}{2EI}$$

$$\theta_A = -\frac{R_A l^2}{2EI} + \frac{M_A l}{EI}$$

たわみ δ_A が 1.0，たわみ角 θ_A が 0.0 になる材端力 M_A，R_A は上式を連立させて

$$R_A = \boxed{}, \quad M_A = \boxed{}$$

と求められる。なお，材端鉛直力およびたわみは下方を正とし，材端モーメントおよびたわみ角は時計回りを正とする。

同様の方法で，両端固定ばりの両端に単位たわみおよび単位たわみ角を生じさせる材端鉛直力および材端モーメントは**図 12.15**に示すように求められる。

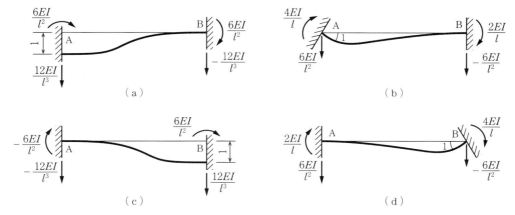

図 12.15 単位たわみおよび単位たわみ角を生じさせる材端鉛直力および材端モーメント

したがって，点Aおよび点Bに作用する材端鉛直力と材端モーメント（Y_A, M_A, Y_B, M_B），両端のたわみおよびたわみ角（v_A, θ_A, v_B, θ_B）は

$$\left.\begin{aligned} Y_A &= \frac{12EI}{l^3}v_A + \frac{6EI}{l^2}\theta_A - \frac{12EI}{l^3}v_B + \frac{6EI}{l^2}\theta_B \\ M_A &= \frac{6EI}{l^2}v_A + \frac{4EI}{l}\theta_A - \frac{6EI}{l^2}v_B + \frac{2EI}{l}\theta_B \\ Y_B &= -\frac{12EI}{l^3}v_A - \frac{6EI}{l^2}\theta_A + \frac{12EI}{l^3}v_B - \frac{6EI}{l^2}\theta_B \\ M_B &= \frac{6EI}{l^2}v_A + \frac{2EI}{l}\theta_A - \frac{6EI}{l^2}v_B + \frac{4EI}{l}\theta_B \end{aligned}\right\} \quad (12.23)$$

と表される。これを行列表示して，はり要素の剛性マトリックスが次式のように得られる。

$$\begin{pmatrix} Y_A \\ M_A \\ Y_B \\ M_B \end{pmatrix} = \frac{EI}{l^3}\begin{bmatrix} 12 & 6l & -12 & 6l \\ 6l & 4l^2 & -6l & 2l^2 \\ -12 & -6l & 12 & -6l \\ 6l & 2l^2 & -6l & 4l^2 \end{bmatrix}\begin{pmatrix} v_A \\ \theta_A \\ v_B \\ \theta_B \end{pmatrix} \quad (12.24)$$

$$\boldsymbol{f} = \boldsymbol{k}\boldsymbol{u} \quad (12.25)$$

はり要素の剛性方程式を用いて，つぎの穴埋め例題を解いてみよう。

穴埋め例題 12.9

図 12.16 に示す曲げ剛性 EI が一定の一端ローラー，他端固定支持のはりのスパン中央に集中荷重 P が作用する場合の，節点変位 θ_1, v_2, θ_2 と支点反力 R_1, R_3 を求めよ。

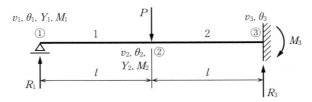

図 12.16 集中荷重が作用する一端ローラー，他端固定支持のはり

解答

要素 ①-② の剛性方程式は

$$\begin{pmatrix} Y_1 \\ M_1 \\ Y_2 \\ M_2 \end{pmatrix} = \frac{EI}{l^3} \begin{bmatrix} 12 & 6l & -12 & 6l \\ 6l & 4l^2 & -6l & 2l^2 \\ -12 & -6l & 12 & -6l \\ 6l & 2l^2 & -6l & 4l^2 \end{bmatrix} \begin{pmatrix} v_1 \\ \theta_1 \\ v_2 \\ \theta_2 \end{pmatrix}$$

であり，要素 ②-③ の剛性方程式は

$$\begin{pmatrix} Y_2 \\ M_2 \\ Y_3 \\ M_3 \end{pmatrix} = \frac{EI}{l^3} \begin{bmatrix} 12 & 6l & -12 & 6l \\ 6l & 4l^2 & -6l & 2l^2 \\ -12 & -6l & 12 & -6l \\ 6l & 2l^2 & -6l & 4l^2 \end{bmatrix} \begin{pmatrix} v_2 \\ \theta_2 \\ v_3 \\ \theta_3 \end{pmatrix}$$

である。この両者を重ね合わせると，以下となる。

$$\begin{pmatrix} \\ \\ \\ \\ \\ \\ \end{pmatrix} = \frac{EI}{l^3} \begin{bmatrix} \\ \\ \\ \\ \\ \\ \end{bmatrix} \begin{pmatrix} v_1 = 0 \\ \theta_1 \\ v_2 \\ \theta_2 \\ v_3 = 0 \\ \theta_3 = 0 \end{pmatrix}$$

節点力に関する未知および既知の部分マトリックスに分解する。

$$\begin{pmatrix} 0 \\ P \\ 0 \end{pmatrix} = \frac{EI}{l^3} \begin{bmatrix} 4l^2 & -6l & 2l^2 \\ -6l & 24 & 0 \\ 2l^2 & 0 & 8l^2 \end{bmatrix} \begin{pmatrix} \theta_1 \\ v_2 \\ \theta_2 \end{pmatrix} \qquad \begin{pmatrix} Y_1 \\ Y_3 \\ M_3 \end{pmatrix} = \frac{EI}{l^3} \begin{bmatrix} 6l & -12 & 6l \\ 0 & -12 & 6l \\ 0 & 6l & 2l^2 \end{bmatrix} \begin{pmatrix} \theta_1 \\ v_2 \\ \theta_2 \end{pmatrix}$$

上式より節点変位および支点反力が求められる。

$\theta_1 = \boxed{}$, $\quad v_2 = \boxed{}$, $\quad \theta_2 = \boxed{}$

$R_1 = -Y_1 = \dfrac{5P}{16}$, $\quad R_3 = -Y_3 = \dfrac{11P}{16}$, $\quad M_3 = \dfrac{3Pl}{8}$

穴埋め例題 12.10

図 12.17 に示す曲げ剛性 EI が一定の一端ローラー，他端固定支持のはりのスパン中央の②に集中モーメント M_0 が作用する場合の，節点変位と反力を求めよ．

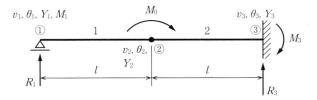

図 12.17 集中モーメントが作用する一端ローラー，他端固定支持のはり

解答

式 (12.24) より，要素 ①-② の剛性方程式は

$$\begin{pmatrix} Y_1 \\ M_1 \\ Y_2 \\ M_2 \end{pmatrix} = \frac{EI}{l^3} \begin{bmatrix} 12 & 6l & -12 & 6l \\ 6l & 4l^2 & -6l & 2l^2 \\ -12 & -6l & 12 & -6l \\ 6l & 2l^2 & -6l & 4l^2 \end{bmatrix} \begin{pmatrix} v_1 \\ \theta_1 \\ v_2 \\ \theta_2 \end{pmatrix}$$

であり，要素 ②-③ の剛性方程式は

$$\begin{pmatrix} Y_2 \\ M_2 \\ Y_3 \\ M_3 \end{pmatrix} = \frac{EI}{l^3} \begin{bmatrix} 12 & 6l & -12 & 6l \\ 6l & 4l^2 & -6l & 2l^2 \\ -12 & -6l & 12 & -6l \\ 6l & 2l^2 & -6l & 4l^2 \end{bmatrix} \begin{pmatrix} v_2 \\ \theta_2 \\ v_3 \\ \theta_3 \end{pmatrix}$$

である．この両者を重ね合わせると

$$\begin{pmatrix} Y_1 \\ M_1=0 \\ Y_2=0 \\ M_2=M_0 \\ Y_3 \\ M_3 \end{pmatrix} = \frac{EI}{l^3} \begin{bmatrix} \quad \end{bmatrix} \begin{pmatrix} v_1=0 \\ \theta_1 \\ v_2 \\ \theta_2 \\ v_3=0 \\ \theta_3=0 \end{pmatrix}$$

となる．節点力に関する未知および既知マトリックスに分解すると

$$\begin{pmatrix} 0 \\ 0 \\ M_0 \end{pmatrix} = \frac{EI}{l^3} \begin{bmatrix} 4l^2 & -6l & 2l^2 \\ -6l & 24 & 0 \\ 2l^2 & 0 & 8l^2 \end{bmatrix} \begin{pmatrix} \theta_1 \\ v_2 \\ \theta_2 \end{pmatrix} \qquad \begin{pmatrix} Y_1 \\ Y_3 \\ M_3 \end{pmatrix} = \frac{EI}{l^3} \begin{bmatrix} 6l & -12 & 6l \\ 0 & -12 & -6l \\ 0 & 6l & 2l^2 \end{bmatrix} \begin{pmatrix} \theta_1 \\ v_2 \\ \theta_2 \end{pmatrix}$$

上式より節点変位および反力が求められる．

$\theta_1 = \boxed{}$, $v_2 = \boxed{}$, $\theta_2 = \boxed{}$

$R_1 = -Y_1 = \boxed{}$, $R_3 = -Y_3 = \boxed{}$, $M_3 = \boxed{}$

12.3.2 傾斜棒部材の剛性マトリックス

はり要素に軸方向の力が作用する場合を**棒要素**（bar element）という。棒要素に関する剛性方程式を求めよう。これは，はり要素の剛性方程式に，すでに求めたトラス要素の剛性方程式を重ね合わせることにより次式のように求められる。ここで，はり要素の剛性方程式に加わった力は X_1, X_2 であり，変位は u_1, u_2 である。

$$\begin{pmatrix} X_1 \\ Y_1 \\ M_1 \\ X_2 \\ Y_2 \\ M_2 \end{pmatrix} = \begin{bmatrix} \dfrac{EA}{l} & 0 & 0 & -\dfrac{EA}{l} & 0 & 0 \\ & \dfrac{12EI}{l^3} & \dfrac{6EI}{l^2} & 0 & -\dfrac{12EI}{l^3} & \dfrac{6EI}{l^2} \\ & & \dfrac{4EI}{l} & 0 & -\dfrac{6EI}{l^2} & \dfrac{2EI}{l} \\ & & & \dfrac{EA}{l} & 0 & 0 \\ & & & & \dfrac{12EI}{l^3} & -\dfrac{6EI}{l^2} \\ \text{sym.} & & & & & \dfrac{4EA}{l} \end{bmatrix} \begin{pmatrix} u_1 \\ v_1 \\ \theta_1 \\ u_2 \\ v_2 \\ \theta_2 \end{pmatrix} \quad (12.26)$$

なお，行列内の sym. は「対称」を意味し，要素 (m, n) は要素 (n, m) に等しいことを表す。したがって，剛性マトリックス k は以下となる。

$$k = \begin{bmatrix} \dfrac{EA}{l} & 0 & 0 & -\dfrac{EA}{l} & 0 & 0 \\ & \dfrac{12EI}{l^3} & \dfrac{6EI}{l^2} & 0 & -\dfrac{12EI}{l^3} & \dfrac{6EI}{l^2} \\ & & \dfrac{4EI}{l} & 0 & -\dfrac{6EI}{l^2} & \dfrac{2EI}{l} \\ & & & \dfrac{EA}{l} & 0 & 0 \\ & & & & \dfrac{12EI}{l^3} & -\dfrac{6EI}{l^2} \\ \text{sym.} & & & & & \dfrac{4EA}{l} \end{bmatrix} \quad (12.27)$$

さらに，傾斜した棒部材の剛性マトリックスは，座標変換マトリックスを用いて求めることができる。**図 12.18** に，部材座標系 (x, y) と全体座標系 (X, Y) の関係を示す。座標系が変わっても回転角 θ は変化しないことを考慮すると，トラス要素の座標変換マトリックスを変形して棒部材の座標変換マトリックス C が式 (12.28) のように求められる。

$$C = \begin{bmatrix} \cos\alpha & \sin\alpha & 0 & 0 & 0 & 0 \\ -\sin\alpha & \cos\alpha & 0 & 0 & 0 & 0 \\ 0 & 0 & 1 & 0 & 0 & 0 \\ 0 & 0 & 0 & \cos\alpha & \sin\alpha & 0 \\ 0 & 0 & 0 & -\sin\alpha & \cos\alpha & 0 \\ 0 & 0 & 0 & 0 & 0 & 1 \end{bmatrix} \quad (12.28)$$

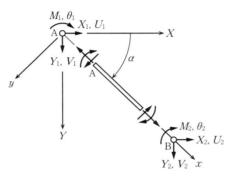

図 12.18 傾斜棒要素

したがって，全体系の剛性マトリックス K_e は以下となる．

$$K_e = C^T k C = \begin{bmatrix} \lambda c^2 + k_1 s^2 & (\lambda - k_1)cs & -k_2 s & -\lambda c^2 - k_1 s^2 & (-\lambda + k_1)cs & -k_2 s \\ & \lambda s^2 + k_1 c^2 & k_2 c & (-\lambda + k_1)cs & -\lambda s^2 - k_1 c^2 & k_2 c \\ & & k_3 & k_2 s & -k_2 c & k_3/2 \\ & & & \lambda c^2 + k_1 s^2 & (\lambda - k_1)cs & k_2 s \\ & & & & \lambda s^2 + k_1 c^2 & -k_2 c \\ \text{sym.} & & & & & k_3 \end{bmatrix} \quad (12.29)$$

ここで

$$\lambda = \frac{EA}{l}, \quad k_1 = \frac{12EI}{l^3}, \quad k_2 = \frac{6EI}{l^2}, \quad k_3 = \frac{4EI}{l}, \quad c = \cos\alpha, \quad s = \sin\alpha$$

である．

12.3.3 構造物の解法

棒要素の剛性方程式を用いて，つぎの例題を解いてみよう．

例題 12.2

図 12.19 に示すラーメン（骨組）構造に集中モーメント M_0 が作用するとき，節点変位 U_2, V_2 と支点反力 X_1, Y_1, X_3, Y_3 を求めよ．なお，曲げ剛性 EI および伸び剛性 EA は一定で，$EA = \beta EI / l^2$ とする．

176   12. 剛性マトリックスの理論

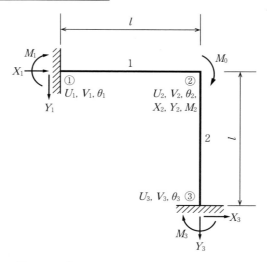

図12.19 集中モーメントが作用するラーメン構造

解答

要素①-②の剛性方程式は式 (12.29) において，$c=\cos 0°=1$，$s=\sin 0°=0$ を考慮して

$$\begin{pmatrix} X_1 \\ Y_1 \\ M_1 \\ X_2 \\ Y_2 \\ M_2 \end{pmatrix} = \frac{EI}{l^3} \begin{bmatrix} \beta & 0 & 0 & -\beta & 0 & 0 \\ & 12 & 6l & 0 & -12 & 6l \\ & & 4l^2 & 0 & -6l & 2l^2 \\ & & & \beta & 0 & 0 \\ & & & & 12 & -6l \\ & \text{sym.} & & & & 4l^2 \end{bmatrix} \begin{pmatrix} U_1 \\ V_1 \\ \theta_1 \\ U_2 \\ V_2 \\ \theta_2 \end{pmatrix}$$

となる。要素②-③の剛性方程式は，$c=\cos 90°=0$，$s=\sin 90°=1$ を考慮して

$$\begin{pmatrix} X_2 \\ Y_2 \\ M_2 \\ X_3 \\ Y_3 \\ M_3 \end{pmatrix} = \frac{EI}{l^3} \begin{bmatrix} 12 & 0 & -6l & -12 & 0 & -6l \\ & \beta & 0 & 0 & -\beta & 0 \\ & & 4l^2 & 6l & 0 & 2l^2 \\ & & & 12 & 0 & 6l \\ & & & & \beta & 0 \\ & \text{sym.} & & & & 4l^2 \end{bmatrix} \begin{pmatrix} U_2 \\ V_2 \\ \theta_2 \\ U_3 \\ V_3 \\ \theta_3 \end{pmatrix}$$

となる。これらを重ね合わせて

$$\begin{pmatrix} X_1 \\ Y_1 \\ M_1 \\ X_2=0 \\ Y_2=0 \\ M_2=M_0 \\ X_3 \\ Y_3 \\ M_3 \end{pmatrix} = \frac{EI}{l^3} \begin{bmatrix} \beta & 0 & 0 & -\beta & 0 & 0 & 0 & 0 & 0 \\ & 12 & 6l & 0 & -12 & 6l & 0 & 0 & 0 \\ & & 4l^2 & 0 & -6l & 2l^2 & 0 & 0 & 0 \\ & & & \beta+12 & 0 & -6l & -12 & 0 & -6l \\ & & & & \beta+12 & -6l & 0 & -\beta & 0 \\ & & & & & 8l^2 & 6l & 0 & 2l^2 \\ & & & & & & 12 & 0 & 6l \\ & & & & & & & \beta & 0 \\ & \text{sym.} & & & & & & & 4l^2 \end{bmatrix} \begin{pmatrix} U_1=0 \\ V_1=0 \\ \theta_1=0 \\ U_2 \\ V_2 \\ \theta_2 \\ U_3=0 \\ V_3=0 \\ \theta_3=0 \end{pmatrix}$$

が求められる。ここで，未知変位は下記の部分マトリックスを解いて得られる。

$$\begin{pmatrix} 0 \\ 0 \\ M_0 \end{pmatrix} = \frac{EI}{l^3} \begin{bmatrix} \beta+12 & 0 & -6l \\ 0 & \beta+12 & -6l \\ -6l & -6l & 8l^2 \end{bmatrix} \begin{pmatrix} U_2 \\ V_2 \\ \theta_2 \end{pmatrix}$$

$$U_2 = V_2 = \frac{3M_0 l^2}{4(\beta+3)EI}, \qquad \theta_2 = \frac{M_0 l(\beta+12)}{8(\beta+3)EI}$$

さらに,支点反力は下記の部分マトリックスを解いて得られる。

$$\begin{pmatrix} X_1 \\ Y_1 \\ M_1 \\ X_3 \\ Y_3 \\ M_3 \end{pmatrix} = \frac{EI}{l^3} \begin{bmatrix} -\beta & 0 & 0 \\ 0 & -12 & 6l \\ 0 & -6l & 2l^2 \\ -12 & 0 & 6l \\ 0 & -\beta & 0 \\ -6l & 0 & 2l^2 \end{bmatrix} \begin{pmatrix} U_2 \\ V_2 \\ \theta_2 \end{pmatrix}$$

$$X_1 = -\beta U_2 \frac{EI}{l^3} = -\frac{3\beta M_0}{4(\beta+3)l}$$

$$Y_1 = (-12V_2 + 6l\theta_2)\frac{EI}{l^3} = \frac{3\beta M_0}{4(\beta+3)l}$$

$$M_1 = (-6lV_2 + 2l^2\theta_2)\frac{EI}{l^3} = \frac{(\beta-6)M_0}{4(\beta+3)}$$

$$X_3 = (-12U_2 + 6l\theta_2)\frac{EI}{l^3} = \frac{3\beta M_0}{4(\beta+3)l}$$

$$Y_3 = -\beta V_2 \frac{EI}{l^3} = -\frac{3\beta M_0}{4(\beta+3)l}$$

$$M_3 = (-6lU_2 + 2l^2\theta_2)\frac{EI}{l^3} = \frac{(\beta-6)M_0}{4(\beta+3)}$$

穴埋め例題 12.11

図 12.20 に示すラーメン構造に水平集中荷重 P と集中モーメント M_0 が作用するときの,節点変位 U_2, V_2, 支点反力 X_1, Y_1, X_3, Y_3 およびモーメント M_1, M_3 を求めよ。曲げ剛性 EI および伸び剛性 EA は一定で,$EA = \beta EI / l^2$ とする。

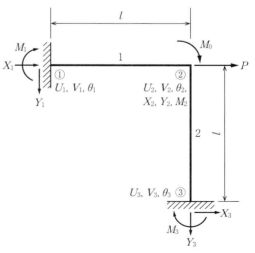

図 12.20 水平集中荷重と集中モーメントが作用するラーメン構造

12. 剛性マトリックスの理論

解答

剛性方程式は，例題 12.2 を参照して次式となる。

$$\begin{pmatrix} \\ \\ \\ \\ \\ \\ \\ \\ \\ \end{pmatrix} = \frac{EI}{l^3} \begin{bmatrix} \beta & 0 & 0 & -\beta & 0 & 0 & 0 & 0 & 0 \\ & 12 & 6l & 0 & -12 & 6l & 0 & 0 & 0 \\ & & 4l^2 & 0 & -6l & 2l^2 & 0 & 0 & 0 \\ & & & \beta+12 & 0 & -6l & -12 & 0 & -6l \\ & & & & \beta+12 & -6l & 0 & -\beta & 0 \\ & & & & & 8l^2 & 6l & 0 & 2l^2 \\ & & & & & & 12 & 0 & 6l \\ & & & \text{sym.} & & & & \beta & 0 \\ & & & & & & & & 4l^2 \end{bmatrix} \begin{pmatrix} \\ \\ \\ \\ \\ \\ \\ \\ \\ \end{pmatrix}$$

未知変位は，つぎの部分マトリックスを解いて得られる。

$$\begin{pmatrix} P \\ 0 \\ M_0 \end{pmatrix} = \frac{EI}{l^3} \begin{bmatrix} \quad \end{bmatrix} \begin{pmatrix} U_2 \\ V_2 \\ \theta_2 \end{pmatrix}$$

$U_2 =$

$V_2 =$

$\theta_2 =$

さらに，支点反力はつぎの部分マトリックスを解いて得られる。

$$\begin{pmatrix} X_1 \\ Y_1 \\ M_1 \\ X_3 \\ Y_3 \\ M_3 \end{pmatrix} = \frac{EI}{l^3} \begin{bmatrix} -\beta & 0 & 0 \\ 0 & -12 & 6l \\ 0 & -6l & 2l^2 \\ -12 & 0 & 6l \\ 0 & -\beta & 0 \\ -6l & 0 & 2l^2 \end{bmatrix} \begin{pmatrix} U_2 \\ V_2 \\ \theta_2 \end{pmatrix}$$

$X_1 = -\beta U_2 \dfrac{EI}{l^3} = -\dfrac{\beta(2\beta+15)P}{2(\beta+3)(\beta+12)} - \dfrac{3\beta M_0}{4(\beta+3)l}$

$Y_1 = (-12V_2 + 6l\theta_2)\dfrac{EI}{l^3} = \dfrac{9\beta P}{2(\beta+3)(\beta+12)} + \dfrac{3\beta M_0}{4(\beta+3)l}$

$M_1 = (-6lV_2 + 2l^2\theta_2)\dfrac{EI}{l^3} = -\dfrac{3(\beta-6)Pl}{2(\beta+3)(\beta+12)} + \dfrac{(\beta-6)M_0}{4(\beta+3)}$

$X_3 = (-12U_2 + 6l\theta_2)\dfrac{EI}{l^3} = -\dfrac{6(2\beta+15)P}{2(\beta+3)(\beta+12)} + \dfrac{3\beta M_0}{4(\beta+3)l}$

$$Y_3 = -\beta V_2 \frac{EI}{l^3} = -\frac{9\beta P}{2(\beta+3)(\beta+12)} - \frac{3\beta M_0}{4(\beta+3)l}$$

$$M_3 = (-6lU_2 + 2l^2\theta_2)\frac{EI}{l^3} = -\frac{9(\beta+6)Pl}{2(\beta+3)(\beta+12)} + \frac{(\beta-6)M_0}{4(\beta+3)}$$

章 末 問 題

【12.1】 問図 12.1 に示す三つのばねが組み合わさった構造系における,節点変位 u_2, u_3, 支点反力 X_1 およびばね軸力 N_1, N_2, N_3 を求めよ.ただし,$k_1 = 3.0$ kN/mm,$k_2 = 2.0$ kN/mm,$k_3 = 1.0$ kN/mm,$X_2 = 3$ kN,$X_3 = 10$ kN とする.

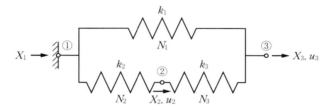

問図 12.1　直列および並列を組み合わせた複合ばね要素

【12.2】 問図 12.2 に示す三つのばねが組み合わさった構造系における,節点変位 u_1, u_2, 支点反力 X_3 およびばね軸力 N_1, N_2, N_3 を求めよ.ただし,$k_1 = 3.0$ kN/mm,$k_2 = 2.0$ kN/mm,$k_3 = 1.0$ kN/mm,$X_1 = 6$ kN,$X_2 = 3$ kN とする.

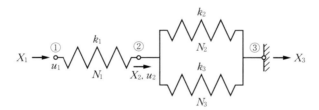

問図 12.2　直列および並列を組み合わせた複合ばね要素

【12.3】 問図 12.3 に示すトラスの節点 ② に二つの集中荷重 P が作用しているとき,部材力 S_1, S_2,支点反力 X_1, Y_1, X_3, Y_3,節点変位 U_2, V_2 を求めよ。ただし,2 本のトラス部材の伸び剛性 EA は同じとする。

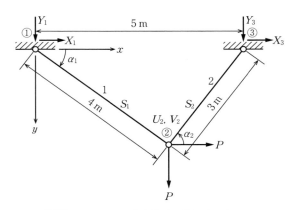

問図 12.3　二つの集中荷重が作用するトラス

【12.4】 問図 12.4 に示すトラスの節点 ② に水平集中荷重 P が作用しているとき,部材力 S_1, S_2,支点反力 X_1, Y_1, X_3, Y_3,節点変位 U_2, V_2 を求めよ。ただし,2 本のトラス部材の伸び剛性 EA は同じとする。

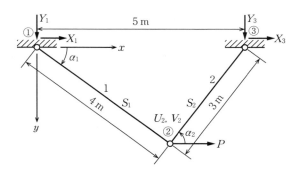

問図 12.4　集中荷重が作用するトラス

【12.5】 問図 12.5 に示す曲げ剛性 EI が一定の 2 径間連続はりの節点 ① に集中モーメント M_0 が作用する場合の, 節点変位 θ_1, θ_2, θ_3 と支点反力 R_1, R_2, R_3 を求めよ。

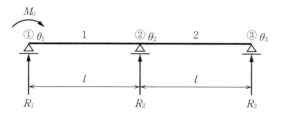

問図 12.5 2 径間連続はり

【12.6】 問図 12.6 に示すラーメン構造の節点 ② に集中荷重が作用するとき, 節点変位 θ_2, U_2 と支点反力 X_1, Y_1, X_3, Y_3, M_3 を求めよ。なお, 曲げ剛性 EI および伸び剛性 EA は一定で, $EA = \beta EI/l^2$ とする。

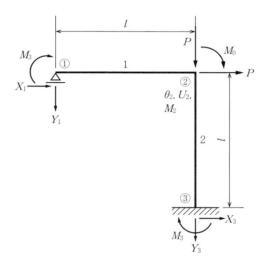

問図 12.6 三つの集中荷重が作用するラーメン構造

付　　　録

付表 1　断面の諸量

形　状		断面積	図　心	断面二次モーメント I	断面係数 Z	断面二次半径 i
長方形 rectangle	(NA, $h/2$, h, b)	bh	$\dfrac{h}{2}$	$\dfrac{bh^3}{12}$	$\dfrac{bh^2}{6}$	$\dfrac{h}{\sqrt{12}}$
三角形 triangle	(a, NA, h, $h/3$, b)	$\dfrac{bh}{2}$	$\dfrac{h}{3}$	$\dfrac{bh^3}{36}$	$Z_1=\dfrac{bh^2}{12}$（底面方向） $Z_2=\dfrac{bh^2}{24}$（頂点方向）	$\dfrac{h}{\sqrt{18}}$
円形 circle	(r, NA, d)	$\pi r^2=\dfrac{\pi d^2}{4}$	$r=\dfrac{d}{2}$	$\dfrac{\pi d^4}{64}=\dfrac{\pi r^4}{4}$	$\dfrac{\pi d^3}{32}=\dfrac{\pi r^3}{4}$	$\dfrac{r}{2}=\dfrac{d}{4}$

付表 2 単純ばりと片持ちばりのたわみとたわみ角

はりと荷重のタイプ	たわみ v	たわみ角 θ
単純ばり：中央集中荷重 P（A―C―B、$l/2$ + $l/2$）	$v_C = \dfrac{Pl^3}{48EI}$	$\theta_A = \dfrac{Pl^2}{16EI}$, $\quad \theta_B = -\dfrac{Pl^2}{16EI}$
単純ばり：等分布荷重 w（A―C―B、$l/2$ + $l/2$）	$v_C = \dfrac{5wl^4}{384EI}$	$\theta_A = \dfrac{wl^3}{24EI}$, $\quad \theta_B = -\dfrac{wl^3}{24EI}$
単純ばり：端モーメント M_A（A―B、l）	—	$\theta_A = \dfrac{M_A l}{3EI}$, $\quad \theta_B = -\dfrac{M_A l}{6EI}$
片持ちばり：先端集中荷重 P（A固定―B、l）	$v_B = \dfrac{Pl^3}{3EI}$	$\theta_B = \dfrac{Pl^2}{2EI}$
片持ちばり：等分布荷重 w（A固定―B、l）	$v_B = \dfrac{wl^4}{8EI}$	$\theta_B = \dfrac{wl^3}{6EI}$
片持ちばり：先端モーメント M_B（A固定―B、l）	$v_B = \dfrac{M_B l^2}{2EI}$	$\theta_B = \dfrac{M_B l}{EI}$

引用・参考文献

〔1章〕
1) 近角聰信, 三浦 登 共編：理解しやすい物理, 文英堂 (2013)
2) 新村 出 編：広辞苑（第三版）, 岩波書店 (1983)
3) 竹間 弘, 樫山和男：構造力学の基礎（第9版）, 日新出版 (2017)
4) 春日屋伸昌, 小林長雄：（わかり易い土木講座）応用力学（Ⅰ）, 彰国社 (1968)

〔3章〕
1) 小出昭一郎, 兵藤申一, 阿部龍蔵：物理概論 上巻, 裳華房 (1983)
2) 青木徹彦：例題で学ぶ構造力学Ⅰ — 静定編 —, コロナ社 (2015)
3) 能町純雄：（土木工学基礎講座）構造力学Ⅰ, 朝倉書店 (1974)

〔4章〕
1) 笠井哲郎, 島﨑洋治, 中村俊一, 三神 厚：土木基礎力学, 3章「静定トラスの基礎」, コロナ社 (2018)

〔5章〕
1) 笠井哲郎, 島﨑洋治, 中村俊一, 三神 厚：土木基礎力学, 4章「静定ばりの基礎」, コロナ社 (2018)
2) J. L. Meriam : Statics; Engineering Mechanics Volume 1, John Willey & Sons (1978)
3) R. C. Hibbeler : Structural Analysis (4th ed.), Prentice-Hall (1999)
4) Bowes, Russell, Suter : Mechanics of Engineering Materials, John Willey & Sons (1984)

〔7章〕
1) 竹間 弘, 樫山和男：構造力学の基礎（第9版）, 日新出版 (2017)
2) 能町純雄：（土木工学基礎講座）構造力学Ⅰ, 朝倉書店 (1974)
3) 能町純雄：（土木工学基礎講座）構造力学Ⅱ（訂正版）, 朝倉書店 (1976)
4) 青木徹彦：例題で学ぶ構造力学Ⅱ — 不静定編 —, コロナ社 (2015)
5) 高岡宣善, 白木 渡：不静定構造力学（第2版）, 共立出版 (2001)

〔8章〕
1) 竹間 弘, 樫山和男：構造力学の基礎（第9版）, 日新出版 (2017)
2) 能町純雄：（土木工学基礎講座）構造力学Ⅰ, 朝倉書店 (1974)

3) 能町純雄：(土木工学基礎講座) 構造力学Ⅱ (訂正版), 朝倉書店 (1976)
4) 青木徹彦：例題で学ぶ構造力学Ⅱ ― 不静定編 ―, コロナ社 (2015)
5) 高岡宣善, 白木　渡：不静定構造力学 (第2版), 共立出版 (2001)

〔9章〕
1) 成岡昌夫, 遠田良喜：土木構造力学, 10章「不静定トラス」, 市ヶ谷出版 (2002)
2) 﨑元達郎：構造力学 (下), 5章「単位荷重法と静定分解法を組み合わせて解く」, 森北出版 (2012)

〔10章〕
1) 笠井哲郎, 島﨑洋治, 中村俊一, 三神　厚：土木基礎力学, p.73, コロナ社 (2018)

〔12章〕
1) 遠田良喜：有限要素法の基礎, 3章「有限要素法とピン接合トラスの解析」, 4章「骨組構造の解析」, 培風館 (1991)
2) 﨑元達郎：構造力学 (下) 6章「剛性マトリクスによりトラスを解く」, 7章「剛性マトリクスによりラーメンを解く」, 森北出版 (2012)

章末問題の略解

■1章

【1.1】 1×10^5 倍

【1.2】 $P_2 = P_3 = 100$ kN

【1.3】 省略

【1.4】 省略

【1.5】 $V_A = 40$ kN は、鉛直力を支える 50 kN と、モーメントのつり合いに貢献する -10 kN（下向き 10 kN）からなる。また、$V_B = 60$ kN のうち、50 kN が鉛直力を支えるのに寄与し、10 kN がモーメントのつり合いに貢献している。

■2章

【2.1】 ① $\sigma_c = \dfrac{4P}{\pi d^2}$, ② $\varepsilon = \dfrac{l - l_1}{l}$,

③ $E = \dfrac{4Pl}{\pi d^2 (l - l_1)}$, ④ $\varepsilon' = \dfrac{v(l_1 - l)}{l}$,

⑤ $\delta = \dfrac{v(l_1 - l)}{l} d$, ⑥ $d_1 = d + \dfrac{v(l_1 - l)}{l} d$,

⑦ $\varepsilon_V = \dfrac{(1 - 2v)(l - l_1)}{l}$

【2.2】 ① 応力 $\sigma = 111.41$ MPa,

② 縦ひずみ $\varepsilon = 530 \times 10^{-6}$,

③ 縦弾性係数 $E = 2.1 \times 10^5$ N/mm^2,

④ 横ひずみ $\varepsilon' = 132.5 \times 10^{-6}$

【2.3】 145.5 kN

【2.4】 103.0 mm 以下

【2.5】 $\sigma_{max} = 54.2$ MPa, $\sigma_{min} = -4.2$ MPa
$\varphi = 29.5°$, $\tau_{max} = 29.2$ MPa, $\tau_{min} = -29.2$ MPa

■4章

【4.1】 $S_1 = -12$ kN, $S_2 = 15$ kN

【4.2】 $S_1 = 2$ kN, $S_2 = -3\sqrt{2}$ kN

【4.3】 $S_4 = \dfrac{\sqrt{3}}{2} P$, $S_5 = \dfrac{\sqrt{3}}{3} P$,
$S_6 = -\dfrac{2\sqrt{3}}{3} P$

【4.4】 $S_4 = 80$ kN, $S_5 = 50$ kN,
$S_6 = -150$ kN

■5章

【5.1】 ① $V_A = 6$ kN, $V_B = 4$ kN,
② $V_A = 8$ kN, $V_B = 8$ kN,
③ $V_A = 8.57$ kN, $V_B = -8.57$ kN
（すべて Q 図と M 図は省略）

【5.2】 ① $V_A = 8.57$ kN, $V_B = 51.4$ kN,
② $V_A = -2$ kN, $V_B = 2$ kN
（①、②ともに Q 図と M 図は省略）

【5.3】 ① $\theta_A = -\dfrac{M_B l}{6EI}$, $\theta_B = -\dfrac{M_B l}{3EI}$,

② $\theta_A = +\dfrac{M_B l}{EI}$, $v_A = -\dfrac{M_B l^2}{3EI}$,

③ $\theta_A = +\dfrac{Pa^2}{EI}$, $\theta_B = -\dfrac{Pa^2}{EI}$,

④ $\theta_{A(x=0)} = -\dfrac{ql^3}{6EI}$, $v_{A(x=0)} = \dfrac{ql^4}{8EI}$

■6章

【6.1】 $V_A = 7.5$ kN, $V_B = 7.5$ kN,
$Q_C = -2.5$ kN, $M_C = 27.5$ kN·m

【6.2】 $V_A = 6.36$ kN, $V_B = 8.44$ kN,
$Q_C = -2.36$ kN, $M_C = 21.8$ kN·m

章 末 問 題 の 略 解　187

[6.3] $Q_{C\,max} = 31.25$ kN,
$Q_{C\,min} = -31.25$ kN, $M_{C\,max} = 250$ kN·m

[6.4] $V_A = 7.5$ kN, $V_B = 32.5$ kN,
$Q_D = -2.5$ kN, $M_D = 5$ kN·m

■ 7 章

[7.1] $v_B = \dfrac{2(1+\sqrt{2})Pl}{EA}$

[7.2] $v_A = \dfrac{(1+2\sqrt{2})Pl}{2EA}$

[7.3] $v_B = \dfrac{wl^4}{8EI}$

[7.4] $\theta_B = \dfrac{wl^3}{6EI}$

[7.5] $v_C = \dfrac{5wl^4}{384EI}$

■ 8 章

[8.1] $\dfrac{Pa^2}{2l^3}(3l-a)$

[8.2] $-\dfrac{3M}{2l}$

[8.3] 両端とも上向き $\dfrac{P}{2}$ の反力, $-\dfrac{Pl}{8}$ のモーメント

[8.4] $M = -\dfrac{wl^2}{12} + \dfrac{wl}{2}x - \dfrac{wx^2}{2}$ (x は左端からの距離)

[8.5] $-\dfrac{4M}{3l}$

■ 9 章

[9.1] $R_B = 1.064P$
部材 1：$-1.915P$, 部材 2：$1.149P$,
部材 3：$1.915P$, 部材 4：$-2.298P$,
部材 5：$-1.915P$, 部材 6：$3.447P$,
部材 7：$1.915P$, 部材 8：$-4.596P$,
部材 9：$-0.585P$, 部材 10：$-2.553P$,
部材 11：$0.585P$, 部材 12：$-3.798P$,
部材 13：$1.915P$, 部材 14：$1.149P$,
部材 15：$-1.915P$

[9.2] 部材 1：$0.707P$, 部材 2：$-0.707P$,
部材 3：$-0.707P$, 部材 4：$0.707P$,
部材 5：$1.000P$, 部材 6：$-1.000P$

[9.3] 部材 1：$0.987P$, 部材 2：$0.528P$,
部材 3：$-0.377P$

■ 10 章

[10.1] $P_{cr} = 165$ kN, 相当細長比：179,
$\sigma_{cr} = 62.0$ MPa

[10.2] $P_{cr} = 423$ kN, 相当細長比：112,
$\sigma_{cr} = 157$ MPa

[10.3] $e = R/4$

[10.4] $x = 1.63$ m, $y = 40.6$ m

■ 11 章

[11.1]
$M_{AB} = -10.83$ kN·m, $M_{BA} = 8.333$ kN·m,
$M_{BC} = -8.333$ kN·m, $M_{CB} = 5.833$ kN·m
（M 図は省略）

[11.2] $M_{AB} = 0$ kN·m, $M_{BA} = 16.67$ kN·m,
$M_{BC} = -16.67$ kN·m, $M_{CB} = -0.833$ kN·m
（M 図は省略）

[11.3]
$M_{AB} = 8.41$ kN·m, $M_{BA} = 11.77$ kN·m,
$M_{BC} = -11.77$ kN·m, $M_{CB} = 6.80$ kN·m,
$M_{CD} = -6.80$ kN·m, $M_{DC} = 6.62$ kN·m
（M 図は省略）

[11.4]
$M_{AB} = -63.08$ kN·m, $M_{BA} = -8.099$ kN·m,
$M_{BC} = 7.992$ kN·m, $M_{CB} = 13.99$ kN·m,
$M_{CD} = -13.99$ kN·m, $M_{DC} = -22.825$ kN·m
（M 図は省略）

[11.5]
$M_{AB} = -18.11$ kN·m, $M_{BA} = 19.22$ kN·m,
$M_{BC} = -19.22$ kN·m, $M_{CB} = 4.89$ kN·m,
$M_{CD} = -4.89$ kN·m, $M_{DC} = 0$ kN·m
（M 図は省略）

■ 12 章

[12.1] $u_2 = 2.0$ mm, $u_3 = 3.0$ mm,

$X_1 = -13$ kN, $N_1 = 9$ kN, $N_2 = 4$ kN, $N_3 = 1$ kN

[12.2] $u_1 = 5.0$ mm, $u_2 = 3.0$ mm, $X_3 = -9$ kN, $N_1 = -6$ kN, $N_2 = -6$ kN, $N_3 = -3$ kN

[12.3] $U_2 = \dfrac{103P}{25EA}$ [m], $V_2 = \dfrac{96P}{25EA}$ [m], $X_1 = -\dfrac{28P}{25}$, $Y_1 = -\dfrac{21P}{25}$, $X_3 = \dfrac{3P}{25}$, $Y_3 = -\dfrac{4P}{25}$, $S_1 = \dfrac{7}{5}P$, $S_2 = \dfrac{1}{5}P$

[12.4] $U_2 = \dfrac{91P}{25EA}$ [m], $V_2 = \dfrac{12P}{25EA}$ [m], $X_1 = -\dfrac{16P}{25}$, $Y_1 = -\dfrac{12P}{25}$, $X_3 = -\dfrac{9P}{25}$, $Y_3 = \dfrac{12P}{25}$, $S_1 = \dfrac{4}{5}P$, $S_2 = \dfrac{3}{5}P$

[12.5] $\theta_1 = \dfrac{7M_0 l}{24EI}$, $\theta_2 = -\dfrac{M_0 l}{12EI}$, $\theta_3 = \dfrac{M_0 l}{24EI}$, $R_1 = -\dfrac{5M_0}{4l}$, $R_2 = \dfrac{3M_0}{2l}$, $R_3 = -\dfrac{M_0}{4l}$

[12.6] $U_2 = V_2 = \dfrac{Pl^3}{(\beta+3)EI} + \dfrac{3M_0 l^2}{4(\beta+3)EI}$,
$\theta_2 = \dfrac{3Pl^2}{2(\beta+3)EI} + \dfrac{M_0 l(\beta+12)}{8(\beta+3)EI}$,
$X_1 = -\dfrac{\beta P}{\beta+3} - \dfrac{3\beta M_0}{4(\beta+3)l}$,
$Y_1 = -\dfrac{3P}{\beta+3} + \dfrac{3\beta M_0}{4(\beta+3)l}$,
$M_1 = -\dfrac{3Pl}{\beta+3} + \dfrac{(\beta-6)M_0}{4(\beta+3)}$,
$X_3 = -\dfrac{3P}{\beta+3} + \dfrac{3\beta M_0}{4(\beta+3)l}$,
$Y_3 = -\dfrac{\beta P}{\beta+3} - \dfrac{3\beta M_0}{4(\beta+3)l}$,
$M_3 = -\dfrac{3Pl}{\beta+3} + \dfrac{(\beta-6)M_0}{4(\beta+3)}$

索　　　引

【あ】
圧縮応力　16
圧縮ひずみ　19

【う】
運動の自由度　34

【え】
永久ひずみ　21
影響線　71
　　せん断力の――　71
　　曲げモーメントの――　72
エネルギー保存則　84

【お】
オイラーの座屈荷重　125
応　力　15

【か】
外的不静定トラス　111
回転運動　10
外力仕事　80
核　131
拡大行列　157
荷　重　1
荷重項　135
カスティリアーノの第1定理　94
カスティリアーノの第2定理　93
仮想仕事　85
　　――の原理　85
仮想変位の原理　85
仮想力の原理　85
片持ちばり　35

【き】
基準座標系　163
基本変形　157
逆行列　156
行ベクトル　155
共役ばり　66
共役ばり法　65

【く】
偶　力　11
組合せ応力　28

【け】
ゲルバーばり　63

【こ】
剛性方程式　159
剛性マトリックス　158
剛性率　22
剛　体　9
降　伏　21
降伏点応力　21

【さ】
最小仕事の原理　96
座屈応力　126
座屈荷重　124
　　オイラーの――　125
作用線　2
　　力の――の法則　3
作用点　2
残留ひずみ　21

【し】
仕　事　80
自　重　1
質　点　10
支　点　42
支点反力　42
集中荷重　1
主応力　28
主応力面　28
主せん断応力　28
主せん断応力面　28

【す】
垂直応力　16
垂直ひずみ　19
スカラー　2

【せ】
静定基本系　98
静定構造　37
静定トラス　44
正方行列　156
積分公式　91
節　点　39
節点法　45
せん断応力　17
せん断弾性係数　22
せん断力図　60
せん断力の影響線　71

【そ】
塑　性　21
塑性変形　21

【た】
縦弾性係数　21
縦ひずみ　19
たわみ角法　134
たわみの微分方程式　124
単位荷重法　87
単位行列　156
単純ばり　36, 70
弾　性　20
弾性荷重法　65
弾性係数　21
弾性限度　21
弾性変形　20
断面1次モーメント　54
断面2次極モーメント　59
断面2次相乗モーメント　60
断面2次半径　58
断面2次モーメント　56
断面係数　56
断面法　48

【ち】
力　1
　　――の合成　3

——の作用線の法則	3	引張応力	15	変形の適合条件式	113
——のつり合い	7	引張強度	21	【ほ】	
——の分解	5	引張強さ	21		
——のモーメント	6	引張ひずみ	19	ポアソン数	19
中立軸	56	比例限度	21	ポアソン比	19
直応力	16	ピン結合	39	細長比	58, 126
【て】		ヒンジ結合	39	【ま】	
		ヒンジ支点	43		
転置行列	155	ピン支点	43	曲げ剛性	65
【と】		【ふ】		曲げモーメント図	60
				曲げモーメントの影響線	72
等分布荷重	12	複合構造	109	マックスウェルの相反定理	96
トラス	39	部　材	39	マトリックス代数	155
トラス要素	162	部材座標系	164	【も】	
【な】		部材力	39		
		不静定構造	37	モールの応力円	30
内的不静定トラス	111	不静定構造物	25	モールの定理	65
【ね】		不静定次数	37, 111	【や】	
		不静定トラス	44		
熱応力	27	不静定ばり	98	ヤング係数	21
【の】		不静定反力	98	【よ】	
		フックの法則	21		
伸び剛性	21	分布荷重	1	横ひずみ	19
【は】		【へ】		【ら】	
掃き出し法	157	平行四辺形の法則	3	ラーメン構造	37, 142
ばね要素	158	並進運動	10	【れ】	
張出しばり	63, 73	平面応力	31		
【ひ】		平面ひずみ	31	列ベクトル	155
		ベクトル	2	【ろ】	
ひずみ	18	ベッティの相反定理	96		
ひずみエネルギー	81	変換マトリックス	164	ローラー支点	43

【A】		core	131	【F】	
		couple	11		
area product of inertia	60	critical value of the load	124	FEM	135
【B】		【D】		first moment of area	54
				fixed end moment	135
Betti's reciprocal theorem	96	degree of freedom	34	flexural rigidity	65
buckling load	124	differential equation for flexural		force	1
buckling stress	126	deflection	124	【G】	
【C】		distributed load	2		
		【E】		Gerver beam	63
cantilever beam	35			global coordinate	163
Castigliano's first theorem	94	elastic deformation	20	【H】	
Castigliano's second theorem	93	elasticity	20		
combined stress	28	elastic limit	21	hinge connection	39
compatibility equation	113	elongation stiffness	21	hinged support	43
compressive strain	19	equilibrium of forces	7	Hooke's law	21
compressive stress	16	Euler's buckling load	125	【I】	
concentrated load	1	external statically indeterminate			
conjugate-beam	66	truss	111	indeterminacy	37
conjugate-beam method	65			influence line	71

internal statically indeterminate truss		111

【L】

lateral strain	19
law of the conservation of energy	84
load	1
local coordinate	164
longitudinal strain	19

【M】

Maxwell's reciplrocal theorem	96
M_C-line	72
member	39
member force	39
modulus of longitudinal elasticity	21
modulus of shearing elasticity	22
Mohr's stress circle	30
moment of a force	6
moment of inertia	56
M 図	60

【N】

NA	56
neutral axis	56
node	39
normal coordinate	163
normal strain	19
normal stress	16

【O】

own weight	1

【P】

permanent strain	21
pin connection	39
pin support	43
plane strain	31
plane stress	31
plastic deformation	21
plasticity	21
Poisson's number	19
Poisson's ratio	19
polar moment of inertia	59
principal plane of stress	28
principal stress	28
principle of least work	96
principle of virtual work	85
product of inertia	60
proportional limit	21

【Q】

Q_C-line	71
Q 図	60

【R】

radius of gyration	58
reaction	42
roller support	43

【S】

scalar	2
second moment of area	56
section modulus	56
shearing stress	17
simple beam	36
simply supported beam with overhang	63
slenderness ratio	58
slope deflection method	134
spring element	158
statically determinate fundamental system	99
statically determinate structure	37
statically determinate truss	44
statically indeterminate beam	98
statically indeterminate reaction	98
statically indeterminate structure	37
statically indeterminate truss	44
stiffness equation	159
stiffness matrix	158
strain	18
strain energy	81
stress	15
support	42

【T】

tensile strain	19
tensile strength	21
tensile stress	15
thermal stress	27
transfer matrix	164
truss	39
truss element	162

【U】

uniform load	12
unit-load method	87

【V】

vector	2
virtual work	85

【Y】

yield	21
yield point stress	21
Young's modulus	21

―― 著者略歴 ――

笠井 哲郎（かさい　てつろう）
- 1982年　防衛大学校理工学専攻土木工学科卒業
- 1990年　広島大学大学院工学研究科博士後期課程修了（構造工学専攻）
　　　　　工学博士
- 1991年　小野田セメント（現 太平洋セメント）株式会社
- 1994年　東海大学講師
- 1997年　東海大学助教授
- 2004年　東海大学教授
　　　　　現在に至る

島﨑 洋治（しまざき　ようじ）
- 1971年　東海大学工学部土木工学科卒業
- 1980年　コロラド州立大学大学院博士課程修了（土木工学専攻），Ph.D.
- 1987年　工学博士（東北大学）
- 1993年　東海大学教授
- 2014年　東海大学特任教授
- 2016年　東海大学非常勤講師
- 2019年　東海大学名誉教授

中村 俊一（なかむら　しゅんいち）
- 1974年　京都大学工学部交通土木工学科卒業
- 1976年　京都大学大学院工学研究科修士課程修了（交通土木工学専攻）
- 1976年　新日本製鐵株式会社
- 1986年　ロンドン大学インペリアルカレッジ博士課程修了（土木工学専攻），Ph.D.
- 1997年　東海大学教授
- 2016年　東海大学特任教授
- 2018年　東海大学非常勤講師
　　　　　現在に至る

三神 厚（みかみ　あつし）
- 1991年　山梨大学工学部土木工学科卒業
- 1993年　東京大学大学院工学系研究科修士課程修了（土木工学専攻）
- 1994年　東京大学大学院工学系研究科博士課程中途退学（土木工学専攻）
- 1994年　東京大学助手
- 1998年　博士（工学）（東京大学）
- 1999年　徳島大学助手
- 2005年　カリフォルニア大学ロサンゼルス校
- ～06年　Visiting scholar（兼任）
- 2007年　徳島大学大学院准教授
- 2016年　東海大学教授
　　　　　現在に至る

書き込み式　はじめての構造力学
Elementary Structural Mechanics
Ⓒ Tetsuro Kasai, Yoji Shimazaki, Shunichi Nakamura, Atsushi Mikami 2019

2019年6月7日　初版第1刷発行　　　　　　　　　　　　　　　　　　　★

検印省略	著　者	笠　井　哲　郎
		島　﨑　洋　治
		中　村　俊　一
		三　神　　　厚
	発行者	株式会社　コロナ社
		代表者　牛来真也
	印刷所	新日本印刷株式会社
	製本所	有限会社　愛千製本所

112-0011　東京都文京区千石 4-46-10
発行所　株式会社　コロナ社
CORONA PUBLISHING CO., LTD.
Tokyo Japan
振替00140-8-14844・電話(03)3941-3131(代)
ホームページ　http://www.coronasha.co.jp

ISBN 978-4-339-05266-4　C3051　Printed in Japan　　　　　　　　　（柏原）

＜出版者著作権管理機構　委託出版物＞
本書の無断複製は著作権法上での例外を除き禁じられています。複製される場合は，そのつど事前に，出版者著作権管理機構（電話 03-5244-5088，FAX 03-5244-5089，e-mail: info@jcopy.or.jp）の許諾を得てください。

本書のコピー，スキャン，デジタル化等の無断複製・転載は著作権法上での例外を除き禁じられています。購入者以外の第三者による本書の電子データ化及び電子書籍化は，いかなる場合も認めていません。
落丁・乱丁はお取替えいたします。